エンジニアが学ぶ
工事管理システムの
「知識」と「技術」

株式会社GeNEE
DX/ITソリューション事業部

JN222463

SHOEISHA

本書内容に関するお問い合わせについて

このたびは翔泳社の書籍をお買い上げいただき、誠にありがとうございます。弊社では、読者の皆様からのお問い合わせに適切に対応させていただくため、以下のガイドラインへのご協力をお願い致しております。下記項目をお読みいただき、手順に従ってお問い合わせください。

●ご質問される前に

弊社Webサイトの「正誤表」をご参照ください。これまでに判明した正誤や追加情報を掲載しています。

正誤表　https://www.shoeisha.co.jp/book/errata/

●ご質問方法

弊社Webサイトの「書籍に関するお問い合わせ」をご利用ください。

書籍に関するお問い合わせ　https://www.shoeisha.co.jp/book/qa/

インターネットをご利用でない場合は、FAXまたは郵便にて、下記"翔泳社 愛読者サービスセンター"までお問い合わせください。
電話でのご質問は、お受けしておりません。

●回答について

回答は、ご質問いただいた手段によってご返事申し上げます。ご質問の内容によっては、回答に数日ないしはそれ以上の期間を要する場合があります。

●ご質問に際してのご注意

本書の対象を超えるもの、記述個所を特定されないもの、また読者固有の環境に起因するご質問等にはお答えできませんので、あらかじめご了承ください。

●郵便物送付先およびFAX番号

送付先住所　〒160-0006　東京都新宿区舟町5
FAX番号　03-5362-3818
宛先　　　（株）翔泳社 愛読者サービスセンター

※本書に記載されたURL等は予告なく変更される場合があります。
※本書の出版にあたっては正確な記述につとめましたが、著者や出版社などのいずれも、本書の内容に対してなんらかの保証をするものではなく、内容やサンプルに基づくいかなる運用結果に関してもいっさいの責任を負いません。

※本書に記載されている会社名、製品名はそれぞれ各社の商標および登録商標です。
※本書の内容は2024年12月一日現在の情報などに基づいています。

はじめに

建設業界特有の業務フローがDX推進の壁となっている

　慢性的な人材不足、業界の高齢化、根強いアナログ文化による非効率な業務フロー。このような課題を抱える建設業界では、他の業界の例に漏れずDXの必要性が早くから叫ばれていました。必要性が認知されている一方でDX化が前進しなかった理由のひとつは、建設業界の特殊で複雑な業務フローにあります。

　たとえば会計システムに着目してみます。建設業会計は特殊な科目が多く、汎用的なパッケージシステムを導入しても対応しきれません。勤怠管理システムについても、建設業界の働き方は複数の雇用形態と稼働時間が複雑に入り組み、さらに同じ職人が同時期に複数の現場を兼務するケースが存在するなど、一般的な勤怠管理システムをそのまま導入することは困難です。

　「存在しないなら自社オリジナルのシステムを作ればいい」ということで、いざ柔軟性とカスタマイズ性に優れたスクラッチ開発にシフトしようとしても、やはり壁となるのは建設業界の特殊性です。一般的な企業向けシステムとは求められる仕様に大きな開きがあり、仕様決定のためには開発会社のエンジニア側も一定の事前学習が必要となります。

　ところが、アナログ業務が根強く、現場のOJTによるスタッフ教育を中心としている建設業界は、外部の開発エンジニアに建設業特有の業務フローを解説する術を持ちません。

　このような理由から、建設業界のDXは他の業界に比べてもなかなか進展しない状況に陥っています。しかし、ある問題を契機に建設業界はDX推進を加速させる必要に迫られました。いわゆる「建設業の2024年問題」といわれる時間外労働規制に関する法規制、つまり働き方改革の

大きな波がやって来たのです。

　本書は、システム開発エンジニアが建設業界のDXに取り組む際に壁となる業界特有の業務フローの把握を助けることを目的とし、システム開発時にどのようなアプローチを意識するべきかを解説しています。

本書の構成

　本書は、建設業界のDXを前進させるためにシステム開発エンジニアが事前に知っておくべき建設業界独自の業務フローを解説し、その上で現場に求められるシステムの要点をまとめています。

　また、建設業界における業務プロセスの特徴として、複数部署が密接に連携しながら業務を遂行する点にも着目しています。そのため、システム解説においても、部署間の関係性や業務の流れに沿って、重要なポイントを繰り返し取り上げることで、読者の皆様により深い理解を提供できるよう工夫しました。特に、経理・購買などの部門横断的な業務においては、システムの一気通貫した活用方法について、異なる視点から複数回解説しています。

　第1章では、「建設業の2024年問題」とは何かを解説するとともに、建設業界とその他の業界とのDX推進のポイントの違いを解説します。

　第2章では、建設工事に関する基礎知識として工事の種類やその流れを解説するとともに、建設業システム開発の壁のひとつにもなっている、業界特有の会計基準「工事完成基準」と「工事進行基準」の違いを説明します。さらに、建設業会計特有の勘定科目についても触れ、主に会計システム開発時に必要となる知識の獲得を目指します。

　第3章では、工事の受注から見積書の作成について、官庁（公共）工事と民間工事の違いを比較しながら解説します。また、官民共通の業務として工事全体のコスト管理に重要な購買管理についても説明します。

　第4章では、建設業界の営業実務の場面でどのようなシステムが求められるのかを解説します。営業チーム内および顧客とのコミュニケーション強化にシステム開発の側面から何ができるのかを検証します。

　第5章では、購買実務について掘り下げます。建設業における購買実

務とは何かという基本情報を解説し、購買実務に関する現状の課題とその解決のためのアプローチを探ります。

第6章では、建設業の核となる工事実務について掘り下げます。アナログ業務や部門ごとの単独システムが乱立し複雑に絡み合っている現状を紐解き、予算管理や工程管理を一気通貫で扱う統合システムの実現へ向けてのアプローチを検討します。

第7章では、会計管理について掘り下げます。第2章で基本知識として触れている「工事完成基準」や「工事進行基準」といった会計基準をはじめ、受注と発注といった建設業界のお金の流れをシステム開発にどのように落とし込むかを深掘りします。

第8章では、労務管理について解説します。「建設業の2024年問題」として喫緊の課題となっている勤怠労務について、その概要からシステム化のポイントまで解説します。

第9章では、建設業界の未来を支えるロボット技術と3D技術について解説します。建設業界ではDXと同様にロボット技術の導入（RX）推進の波が押し寄せています。また、これまでの平面情報をベースとした施工を一変させる3D技術（BIM/CIM）も、建設業の未来を語る上では欠かせません。

そして締めくくりとなる第10章では、建設業界のDXの理想型として協力会社を巻き込む統合システムの必要性について触れます。複数企業の協力があってはじめて成功するのが建設プロジェクトです。そのため、開発するシステムも企業単体の閉じたものではなく、複数企業での連携を意識した構造が求められます。

本書が建設業DXに携わる開発エンジニアと建設会社側担当者のコミュニケーションの溝を埋める一助となれば幸いです。

2025年1月　株式会社GeNEE DX/ITソリューション事業部

目　次

第 **7** 章　会計実務と工事管理システム

第 **8** 章　労務実務と工事管理システム

読者特典ダウンロードのご案内

読者の皆様に「工事管理用語集」をプレゼントいたします。
以下のサイトからダウンロードして入手してください。

https://www.shoeisha.co.jp/book/present/9784798187280

※特典データのファイルは圧縮されています。ダウンロードしたファイルをダブルクリックすると、ファイルが解凍され、利用いただけます。

●注意

※特典データのダウンロードには、SHOEISHA iD（翔泳社が運営する無料の会員制度）への会員登録が必要です。詳しくは、Webサイトをご覧ください。

※特典データに関する権利は著者および株式会社翔泳社が所有しています。許可なく配布したり、Webサイトに転載することはできません。

※特典データの提供は予告なく終了することがあります。あらかじめご了承ください。

※図書館利用者の方もダウンロード可能です。

●免責事項

※特典データの記載内容は、2024年12月現在の法令等に基づいています。

※特典データに記載されたURL等は予告なく変更される場合があります。

※特典データの提供にあたっては正確な記述につとめましたが、著者や出版社などのいずれも、その内容に対してなんらかの保証をするものではなく、内容やサンプルに基づくいかなる運用結果に関してもいっさいの責任を負いません。

※特典データに記載されている会社名、製品名はそれぞれ各社の商標および登録商標です。

第 1 章

建設業界のDX化に向けた課題と現状

建設業の昔と今

長年続く業務体系が生む課題と
システム開発エンジニアに求められること

ややもすると置き去りにされがちな建設業界のDX

　建設業界は、体育会系の雰囲気が色濃く残る業界です。現場で肉体労働を続けるスタイルは、この業界の様相を表す大きな特徴といえるでしょう。このイメージは業界外にも広く知られており、特に新卒採用の場面ではやや敬遠されがちな側面もあります。それに加え、社会問題となっている少子高齢化の影響もあり、建設業界では若手社員の採用に苦労しており、業界全体の高齢化が進んでいる現状があります。

　若手人材の不足や業界の高齢化を受けて、企業経営における生産性の向上が急務となっています。対策の鍵としてDXの推進は欠かせませんが、伝統的な体質と相まって、導入には下表のような課題があります。

◆建設業界におけるDX化の障壁

高齢化に伴う課題	建設業特有の業務体制	既存システムとの不適合	開発側の課題
・デジタルツールへの抵抗感 ・ITスキルの不足 ・紙媒体の業務への固執	・複雑な労務管理 ・建設会計の独自性 ・現場の多様性と変動性	・汎用的なシステムでは対応が困難 ・業界特性に合わせたシステム開発の必要性 ・高度な専門性への対応の難しさ	・建設業務の理解不足 ・要件定義の難しさ ・現場とのコミュニケーション不足

　まずは、年々進む高齢化に伴うIT技術導入の障壁が挙げられます。主戦級の高齢化は、建設業界全体のデジタルツール導入への抵抗感を年々強めることにつながっています。また、重要な場面では紙の業務が現在でも行われているため、デジタル化へ舵を切る際のギャップが非常に大きくなってしまうことも課題になります。

　その他、建設業特有の業務体制や専門性の高さから、既存の汎用的なシステムでは対応しきれない点もDX化が進まない要因のひとつです。労務管理の面でも経理会計の面でも、建設業界には他業種との相違点が多くあります。そのため他業種がデジタルツールを導入する中でも、建設業界ではなかなか導入が進まなかったのです。この状況を打開するには、建設業ならではの特性に合わせたシステム開発が必要となります。しかし、現場スタッフの高齢化が進む中、デジタルツールへの理解が乏しいことから、開発側でも要件の正確な把握が難しくなっています。

　以上のように、建設業界のDX化にはさまざまな課題があり、他の業界に比べてグラデーションの緩やかな対応を余儀なくされています。大手ゼネコンであれば、DXに対する意識は高まりつつあり、人材の確保も比較的進んでいます。一方で、中小建設会社ではDX化の壁は高く、業務の効率化が喫緊の課題となっています。この状況を打開するには、**建設会社とシステム開発エンジニアの緊密な連携**が不可欠です。

▍建設業界のDX化を支援するエンジニアに求められる役割

　建設業界のDX化を支援するシステム開発エンジニアには、業界の特性を深く理解し、現場の課題を適切な解決策に落とし込む力が求められます。具体的には**建設現場の業務フローを細部まで把握し、それを効率化するためのシステム設計**が必要です。そのためにはエンジニアが積極的に現場に入り込み、業務の実態を観察・分析しなければなりません。

　また、高齢化が進む建設業界では、新しいシステムへの抵抗感が強いことが予想されます。エンジニアには、**建設現場スタッフの立場に立ち、わかりやすく丁寧な説明や研修を行う役割**も期待されています。加えて、建設業界特有の専門性の高い分野、たとえば建設会計や労務管理などについても一定の理解を持つことが望ましいでしょう。こうした業界の慣習やルールを踏まえた設計が現場でのシステム導入をスムーズにします。

　建設業界のDX化は、業界とエンジニアの相互理解と協力があってこそ実現するものです。エンジニアには、単なるシステム開発者ではなく、**業界の変革を推し進めるパートナーとしての役割**が求められています。

◆**建設業界のDX化における建設会社とエンジニアの連携**

建設会社の役割	システム開発 エンジニアの役割	連携の重要性
• 業務フローの明確化 • 現場スタッフの意識改革 • 導入後の運用体制の整備	• 業界特性の理解 • 現場の課題に合わせたシステム設計 • わかりやすい説明と丁寧な研修	• 相互理解の促進 • 適切な要件定義 • スムーズな導入と定着

建設業界のDXが目指す未来

　建設業界のDX化は、生産性の向上や働き方改革の実現にとどまりません。建設現場の安全性向上や、熟練技術者の技能の継承など、業界の持続的な発展に寄与する可能性を秘めています。たとえば、IoTを活用した工事進捗管理システムは、現場の状況をリアルタイムで把握することを可能にします。これにより、危険箇所の早期発見や、適切な人員配置による効率的な工事の実現が期待できます。

　また、熟練技術者の技能をデジタルデータとして蓄積し、若手技術者の育成に活用することも可能になります。高齢化に伴う技能の断絶を防ぎ、業界の持続的な発展に貢献することができるでしょう。

　建設業界のDXは、単なる業務効率化の手段ではありません。現場の安全性向上や技能継承といった、業界の根幹にかかわる課題解決の鍵となる取り組みなのです。エンジニアと建設業界が一丸となってDX化を推進することで、建設業界はより安全で、効率的、そして持続可能な産業へと進化を遂げられるはずです。それは、建設業に携わるすべての人々にとって、より良い未来を築くことにもつながるでしょう。

1-2 建設業のビジネスモデル

「建設業の2024年問題」と特有の業務体系がもたらす
システム構築への障壁

建設業界のDXの現状と紙文化の限界

建設業界では、若手人材の不足が深刻化しています。新卒希望者の減少傾向が続いており、今後も人材不足が進むことは確実な情勢です。この状況下で生産性を維持・向上させることは、業界にとって喫緊の課題といえるでしょう。

生産性向上の鍵を握るのは、間違いなくDXです。しかし、現場では下表のように図面や各種書類が紙で出力され、押印や手書きでのやり取りが行われているなど、昔ながらの紙文化が根強く残っています。

◆建設業界の紙文化の実例

図面の管理	各種書類のやり取り	現場での情報共有
• 紙の図面での設計と施工 • 手書きでの修正と追記 • 図面の物理的な保管と運搬	• 紙の書類での申請と承認 • 押印による決裁処理 • 書類の郵送や手渡しでのやりとり	• 紙の報告書や指示書の利用 • 手書きでのメモやスケッチ • アナログな情報伝達の限界

この状況を打開するには、ヒューマンエラーが起こりやすい点や情報管理の煩雑さ、紙文化の限界を認識し、DXへの舵を切ることが不可欠です。アナログな業務フローでは、業務の効率化や自動化に限界があります。情報の散逸や手戻りも発生しやすく、生産性の向上は望めません。

建設業界は、長年にわたって培ってきた紙文化から脱却し、デジタル化へ踏み出す岐路に立たされています。DXの推進には、業界全体の意識改革とシステム開発エンジニアの手腕が欠かせません。

紙文化の限界	DXによる生産性向上	移行に必要な要素
• 情報の散逸と手戻りの発生 • アナログ業務の非効率性 • 生産性向上の限界	• デジタルデータの一元管理 • 業務の自動化と効率化 • リアルタイムな情報共有	• 業界全体の意識改革 • システム開発エンジニアの手腕 • 段階的な移行プロセス

建設業界の4つの各業務分野に専門パッケージシステムが登場

　建設業界のDXを進める上で、業務システムの導入は欠かせません。建設業の業務の流れは、大きく**「営業」「購買」「工事」「会計」**の4つの分野に区切ることができます。

◆建設業の4つの主要業務分野

営業	購買	工事	会計
• 顧客管理 • 受注活動 • 契約管理	• 資材調達 • 外注管理 • コスト管理	• 工程管理 • 品質管理 • 安全管理	• 予算管理 • 原価管理 • 財務諸表作成

　近年、これらの業務分野ごとに、専門のパッケージシステムが登場してきました。「営業管理システム」「購買管理システム」「工事管理システム」「会計管理システム」などがその例です。これらのシステムは、各業務分野の効率化に一定の貢献を果たしています。

　しかし、現状これらの分野を一気通貫で管理できる業務システムは存在しません。分野ごとに切り分けられたシステムでは、次ページの図のような問題が生じています。

　まず、各分野の担当者の業務が聖域化してしまう傾向があります。担当外の社員から見れば業務がブラックボックス化しているともいえるでしょう。この状態では、担当者が転職してしまった場合、十分な期間を経たとしても完璧な引き継ぎは困難です。結果として、実際に転職後の元担当者に電話をかけてヒアリングする手間が発生しているのです。

　特に中小の建設会社では、コツコツとExcelで業務管理をしているケ

業務の聖域化

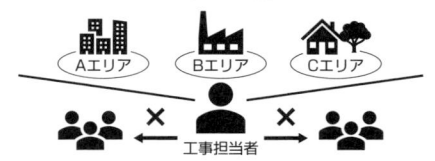

担当者に業務が集中、情報共有の不足、属人化の進行

ブラックボックス化

担当外からの業務把握が困難、引き継ぎの不完全性、情報の断片化

業務停滞リスク

担当者の不在による業務停滞、パスワード管理の問題、代替要員の不在

システム間の連携不足

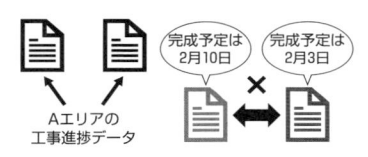

データの重複入力、情報の不整合、業務効率の低下

◆業務分野ごとに単独でシステム運用をする際の問題点

ースが多く、業務のブラックボックス化に陥りやすい状況にあります。大手建設会社であれば、ある程度顧客管理システムなどを導入済みのところもあり、中小企業のExcel管理の状況よりは幾分かマシではありますが、根本的な問題は解決していません。

　さらに、分野ごとに担当者の聖域になっている今のやり方では、たとえば担当者が入院して連絡が取れなくなった場合、ログインパスワードすらもわからず、業務が止まってしまう危険性もはらんでいます。

　こうした問題を解決し、さらなる生産性の向上を実現するためには、現在の業務分野ごとに切り分けられたシステム運用から脱却した、**一気通貫の業務システムの導入**が強く望まれています。建設業界のDXを真に実現するためには、業務フローを抜本的に見直し、業務全体を俯瞰できるシステムの構築が不可欠なのです。

▍建設業の2024年問題により、労働管理に変化が生じている

　いよいよ2024年4月から、建設業の2024年問題として話題となっていた、建設業界の労働時間制限が開始されました。この変化は、建設業界

の工事管理に大きな影響を及ぼしています。

　もともと、建設業の工事管理は下表のように「安全管理」「工程管理」「品質管理」「原価管理」の4つの分野に分かれていました。しかし、2024年4月からは「**労働管理**」が5つ目の管理分野として追加されました。労働時間が建設費の対象となり、残業時間規制が始まったことで、工事管理では5つの分野の管理を行わなければならなくなったのです。

◆建設業の工事管理の5つの分野

安全管理	工程管理	品質管理
• 安全書類の作成などによる労働災害防止 • 安全教育 • 安全パトロール	• 工程計画作成 • 進捗管理 • 工程調整	• 品質基準設定 • 品質検査 • 是正措置

原価管理	労働管理 （2024年4月追加）	
• 予算管理 • 原価集計 • 原価分析	• 労働時間管理 • 残業時間規制対応 • 労働生産性向上	

　ただでさえ人材不足が加速している中、業務は増えて、反対に残業は規制されたため、現場の管理者にとって大きな負担となっています。

　建設業界では、会計管理について一般的に「個別原価管理システム」を採用しています。個別原価管理とは、**工事1つひとつを原価管理する方法**です。たとえば、エレベーターメーカーでは自社で取り扱うエレベーター全体で原価管理するというように、自社事業全体で原価管理を行っています。

　しかし、建設業界では工事案件ごとに所長が原価管理を行い、その個別の工事案件の原価を集約して、会社全体の原価管理および決算会計を行っています。この原価管理方法は、建設会社の会計業務や経理業務の複雑さを生み出す要因となっています。

他業界の原価管理	個別原価管理

エレベーターメーカー

建設業界

所長

Aエリア　Bエリア　Cエリア

…自社事業全体で原価管理を行う

…工事案件ごとに所長が原価管理し、これらを集約して会社全体の原価管理を行う

◆個別原価管理システムの概要

　また、社員の労働時間、つまり給料も原価に含まれます。社員がメジャーなどの備品購入費用を一時的に立て替えた分の経費も原価に含まれます。購買が購入した備品はもちろん、外注費も工事原価に含まれます。

　このように建設業ならではの会計の仕組みの中で原価管理をしていくことが、会計業務でも工事管理の原価管理でも必要となります。

　もともと、複雑で管理が大変な建設業独特の会計方法ですが、そこに2024年問題による労働管理も加わり、現場のDX化は急務となっています。建設業界のDXを推進するシステム開発エンジニアには、次ページの表にまとめた複雑な業務体系を理解し、効率化のためのソリューションを提供することが求められているのです。

◆建設業の複雑な原価管理

個別原価管理	原価の種類	会計業務との関連	労働管理の影響（2024年問題）
• 工事ごとの原価管理 • 所長による原価管理 • 工事案件ごとの原価集計	• 社員の労働時間（給料） • 備品購入費用（経費） • 外注費	• 個別原価の集約 • 会社全体の原価管理 • 決算会計への反映	• 労働時間の原価化 • 残業時間規制への対応 • 労働管理の重要性の高まり

事業全体を一気通貫で管理できる経理会計システムの不足

　建設業界では、業務単位でデジタル化を進めるシステムが既に出始めています。たとえば、工事の進捗管理システムや図面管理システム、工事現場の写真管理システムなどが挙げられます。

　しかし、「営業管理」「購買管理」「工事管理」「会計管理」「労働管理」の5つの分野を一気通貫してサポートできるシステムは、まだ登場していません。業界としては、そのような一気通貫システムが存在すれば非常に有用ですが、実現にはさまざまな障壁があります。

　その理由として、さまざまな業務が複雑に連動していることや、それぞれの業務がある程度独立して動いているため、既存の個別システムからの切り替えの足並みがそろわないことが挙げられます。また、建設業界とIT業界の性質の違いから、建設業の独特な実情を把握して開発できるシステム会社が存在しないと半ば諦めているケースもあります。

　とはいえ、経理会計システムに関しては一気通貫したものがあると非常に助かるという潜在的なニーズは確実に存在します。現状、建設業界でシステム化が進んでいるのは、経理会計システム以外の分野です。たとえば、品質管理のための作業記録写真の管理システム、現場の職人と図面を共有してメッセージをやり取りするシステム、建設業の内容に特化した項目設定が可能な業務報告書作成システムなどです。

　このように、これまで紙ベースで行っていた業務をデジタルに置き換えるためのシステムは、少しずつ業界内にも浸透し始めています。しかし、**経理会計システムに関してはほとんど存在しない**のが現状です。

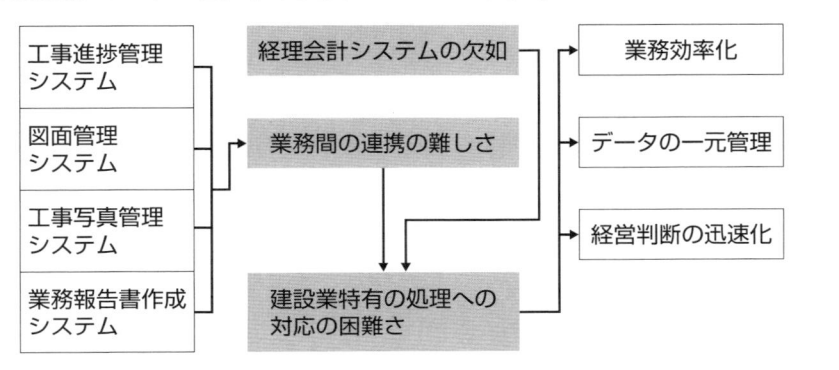

【個別業務のデジタル化】【一気通貫システムの不在】【一気通貫システムの必要性】

◆建設業界における個別業務のデジタル化と一気通貫システムの不在

　一気通貫の経理会計システムの実現が難しい理由は、**建設工事のスケジュールの特殊性**にあります。たとえば夜勤の職人がそのまま日勤まで通して働いたり、手当の種類も建設会社ごとに特殊なものが多いため、一般的な会計パッケージソフトでは建設業の実情と嚙み合わないのです。

　建設業界のDXを前進させる鍵は、**業界の特殊性に向き合い、現状を丁寧に把握するヒアリングと、把握した業務フローに寄り添ったシステムの実現にある**といえます。

建設業における一般的なシステム構造

システム導入の障壁となる特徴的な管理業務の内訳

建設施工の四大管理を理解し、DXの現在地を把握する

前述の通り、建設業界では施工における管理業務を「安全管理」「工程管理」「品質管理」「原価管理」の4つに分類しています。これらの管理業務は、建設プロジェクトを成功に導くために欠かせない重要な役割を担っています。次からそれぞれの要点を見ていきましょう。

安全管理

安全管理は、**工事現場における労働災害の防止**を目的とした管理業務です。安全書類の作成や、安全教育、安全パトロールなどが主な業務内容です。建設業は、他産業と比べて労働災害の発生率が高いことが知られています。そのため、安全管理の徹底は非常に重要な課題となっています。近年では、ICTを活用した安全管理システムの導入が進んでいます。たとえば、危険予知シートのデジタル化や、安全パトロールの報告書作成の電子化などが行われています。

これらのシステムを導入することで、安全管理業務の効率化とデータの蓄積・分析が可能になります。ただし、現場の作業員の多くがシニア世代であるため、デジタルツールの使用に抵抗感を持つ人も少なくありません。システムの導入には、作業員の理解と協力を得ることが不可欠です。

工程管理

工程管理は、**工事の進捗状況を管理し、計画通りに工事を完了させること**を目的としています。工程計画の作成や関係者への共有、図面やコメントのやり取りなどを通して、定められた工期に間に合うように作業日

程を調整することが主な業務内容です。工程管理の効率化と精度向上のために、現在はICTを活用した工程管理システムの導入が進んでいます。これらのシステムを用いることで、スケジュールの作成や共有、図面の管理などがデジタル化され、関係者間の情報共有がスムーズになります。一方で、システムの導入や運用にはコストがかかるため、特に中小企業では導入が進んでいないのが現状です。

品質管理

　品質管理は、**建設工事の品質を確保する**ための管理業務です。品質基準の設定や、品質検査、是正措置などが主な業務内容です。工事の各工程で「きちんと作業を行っていることの証明」をする重要な役割を果たします。たとえば、コンクリートの打設時には、適切な深さまで掘削されているかどうかを写真に撮って記録します。現在は、デジタルカメラやスマートフォンを活用した写真管理システムの導入が進んでいます。

　これらのシステムを用いることで、大量の写真データを効率的に管理できるようになります。ただし、写真の撮影方法や保管方法のルール作りが必要です。

原価管理

　原価管理は、**工事にかかるコストを管理する**業務です。予算管理や原価集計、原価分析などが主な業務内容です。建設業では前述の通り、個別原価管理と呼ばれる工事ごとの原価管理が行われています。これは工事別の原価を把握し、適切な利益を確保するために重要な管理手法です。現在はExcelを活用した原価管理が主流ですが、原価管理システムの導入も進みつつあります。原価管理システムを導入することで、データの入力や集計の作業が省力化できます。

　また、**リアルタイムにデータを把握する**ことができるため、原価の増減にも素早く対応できるようになります。ただし、建設業特有の勘定科目や、個別原価管理の考え方に対応したシステムでなければ、現場に適用することは難しいでしょう。

ここへさらに「労働管理」が建設施工の新たな管理業務として加わり、五大管理となりました。それに加え、2024年度から全面適用される残業時間規制への対応が求められます。しかし、建設業では、日給制の作業員と月給制の社員が混在しているため、労働時間の管理が複雑になります。また、人手不足が深刻化する中で、限られた労働時間内での生産性向上も重要な課題となっています。これらの課題に対応するためには、建設業の実情に合った労働管理システムの開発が急務です。

　以上の四大管理に労働管理を加えた五大管理の要点をまとめたものが下表です。

◆建設施工の五大管理 （四大管理＋労働管理）

管理項目	内　容	目　的
安全管理	労働者の安全を確保し、事故や災害を防ぐための管理	労働災害を未然に防ぎ、安全な作業環境を提供する
工程管理	施工の進行を計画通りに進めるための管理	スケジュールの遅延を防ぎ、効率的な施工を実現する
品質管理	施工の品質を確保するための管理	高品質な施工を維持し、顧客の満足度を高める
原価管理	施工コストを計画内に抑えるための管理	予算超過を防ぎ、収益性を確保する
労働管理	労働者の雇用、配置、労働条件の管理	適切な労働力の確保と労働環境の改善

　各管理業務においては、担当者が使いやすいツールを選んで業務を行っているのが現状です。安全管理では安全書類アプリケーション、工程管理では工程表作成ソフト、品質管理では写真管理ソフト、原価管理ではExcelなど、管理分野ごとにさまざまなツールが使われています。

　このようにICTを活用したデジタルツールの導入自体は進んでいますが、建設業のDXをより推進するためには、これらの課題を1つひとつ解決していく必要があります。

原価管理における「出来高」と「出来形」の違い

　建設業における原価管理では、「**出来高**」と「**出来形**」という2つの重要な概念があります。これらは、工事の進捗状況や完成度合いを把握するために用いられる指標です。システム開発エンジニアには、この「出来高」と「出来形」の違いを正しく理解しておくことが求められます。

出来高

　出来高とは、**工事の進捗に応じて支払われる金額のこと**を指します。建設業では、工事の完成前に、出来高に応じて請負金額の一部が支払われるのが一般的です。出来高の計算方法は、受注額に対する原価の割合で算出されます。

　たとえば、受注額が1億円で、ある時点での原価が6,000万円だったとします。この場合、原価の割合は60%になります。この60%を受注額に乗じることで、その時点での出来高は6,000万円と計算されます。この出来高に基づいて発注者から受注者へ工事代金の一部が支払われます。

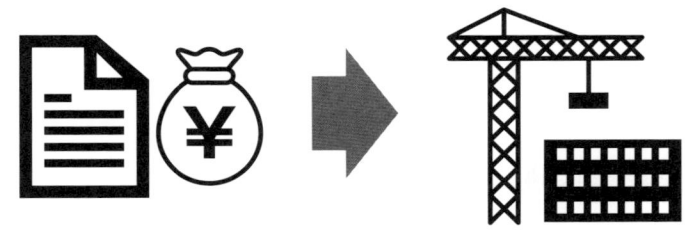

受注額：1億円　　　　　　　　工事中：原価6,000万円

→原価の割合は「60%」

 原価の割合60% × 受注額1億円 ＝ 出来高6,000万円

◆出来高の考え方

15

出来形

　出来形とは、**工事の完成度合いを示す指標**です。設計図通りに施工されているかどうかを確認するために用いられます。具体的には、施工された部分の寸法や品質が設計図面と一致しているかどうかを検査します。

　たとえば、道路工事の場合、舗装の厚さや幅が設計図通りであるかどうかを確認します。建築工事の場合は、壁の位置やドアの大きさなどが設計図面と一致しているかどうかを検査します。出来形の検査は、工事の途中段階でも行われ、最終的な工事完成時にも行われます。

　出来形の管理は、品質管理の一環として重要な役割を果たします。出来形が設計図通りでない場合、手直し工事が必要になり、工期の遅延やコストの増大につながる恐れがあります。したがって、工事の進行中は、常に出来形の管理に注意を払う必要があります。

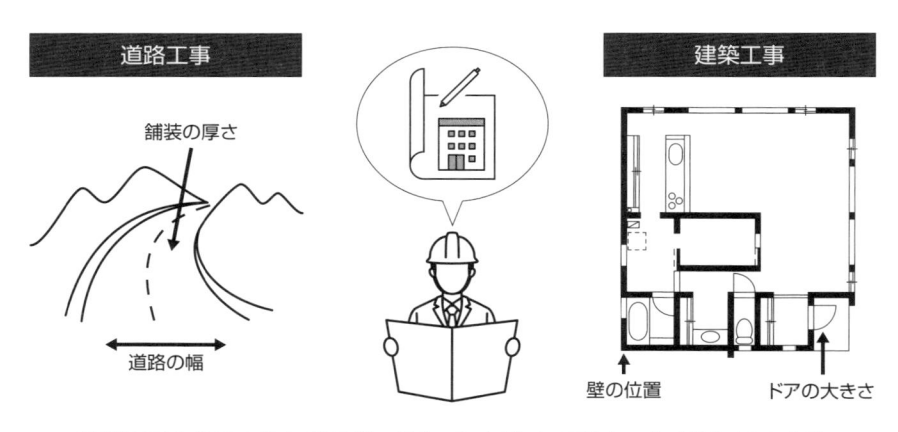

設計図面と施工された部分が一致しているかを工事中・完成時に検査する

◆出来形の考え方

　国土交通省の資料によると、公共工事では、出来高と出来形の管理に関する基準が定められています。たとえば、土木工事においては、出来形の寸法の管理基準として、「設計図書に示された寸法に対し、±50mm以内」などの規定があります。また、出来高の算出方法についても、「土木工事数量算出要領」などの基準が設けられています。

建設業のDX化を進める上では、**これらの出来高と出来形の管理をいかにデジタル化するか**が重要なポイントになります。現状では、出来高の算出や出来形の検査は、人手に頼る部分が大きいのが実情です。しかし、ICTの活用により、出来高の自動算出や、出来形の自動検査などが可能になりつつあります。

たとえば、ドローンを用いて工事現場の3Dデータを取得し、設計データと照合することで、出来形の自動検査が可能になります。また、工事の進捗状況をリアルタイムで把握できるシステムを構築することで、出来高の自動算出も可能になるでしょう。

建設業のDXにおいては、出来高と出来形の管理をいかに効率化し、高度化するかが大きな課題のひとつです。

建設業の会計を難解にする「完成基準」と「進行基準」

建設業の会計処理を複雑にしている要因のひとつに、「**完成基準**」と「**進行基準**」という2つの収益認識基準があります。　2021年4月以降、これらの基準は新たな収益認識基準へと移行しました。この新基準は、それまで企業ごとにバラバラだった収益認識の基準を国際的な会計基準であるIFRSに倣って統一したものです。新収益認識基準では、履行義務の充足によって収益が計上される仕組みとなっており、特に従来の工事進行基準は、新基準における「一定期間で充足される履行義務」として位置づけられています（詳細は7-4で解説します）。

ただし、新基準においても工事の完成時に一括で収益を認識する方法（従来の完成基準に相当）と、工事の進捗に応じて収益を認識する方法（従来の進行基準に相当）の2つの基本的な考え方は維持されています。

ここでは、エンジニアが建設業界の現場の意見をヒアリングする際に従来の基準を知っておくことでよりスムーズな議論が可能になるという観点や、建設業の基礎知識を学ぶという観点から、これまで現場で広く使われてきた「工事完成基準」と「工事進行基準」という用語を使用し、新基準の土台となるこれら2つの収益認識方法について解説を進めていきます。

完成基準

　完成基準とは、**工事が完成した時点で工事収益と工事原価を一括して計上する方法**です。つまり工事が完了するまでは計上せず、完成した時点で一気に収益と費用を認識するのです。この方法は工事の進行途中では収益も費用も発生しないため、途中経過が財務諸表に反映されません。

　たとえば、受注額が1億円の工事を1年かけて行ったとします。この工事が完成するまでの1年間は、収益も費用も計上されません。工事が完成した時点で1億円の収益と、それに対応する費用が一括して計上されるという具合です。

進行基準

　進行基準とは、**工事の進捗に応じて、収益と費用を少しずつ計上していく方法**です。この方法では、工事の進捗状況が財務諸表に反映されるため、工事の途中経過を把握することができます。

　同じく、受注額1億円の工事を1年かけて行う場合、進行基準ではどのように処理されるのでしょうか。まず、工事の進捗度合いを測定します。これは発生した原価の割合や工事の出来高などを基準に算出します。仮に1年間の工事の進捗度合いが均等であった場合、1カ月ごとに約8.3%ずつ進捗することになります。この進捗度合いに応じて、毎月約833万円ずつ収益と費用を計上していくのです。

　進行基準は工事の進行状況を適切に財務諸表に反映できる一方、進捗度合いの測定方法によっては恣意性が入る余地があるという難点もあります。また、工事の進行途中で損失が見込まれる場合には、その時点で損失を認識する必要があるなど完成基準とは異なる処理が求められます。

　このように建設業では、2つの適用基準が定められています。一般に、短期間で完了する工事は完成基準が、長期間にわたる工事は進行基準が適用されます。具体的には、**工期が1年以内の工事は完成基準、工期が1年を超える工事は進行基準**が原則とされています。

　ただし、この原則にも例外があります。たとえば、工期が1年以内で

あっても、工事の規模が大きく、かつ、工事の進捗状況を正確に把握することができる場合には、進行基準を適用することができます。逆に、工期が1年を超える工事であっても、工事の進捗状況を正確に把握することが難しい場合には、完成基準を適用することになります。

　建設業のDX化を進める上では、**完成基準と進行基準の適用をシステム上でどのように処理するか**も重要なポイントになります。工事の進捗状況を適切に管理し、それに応じた収益認識を自動的に行えるシステムの構築が求められます。特に、進行基準を適用する場合は、工事の進捗度合いの正確な測定が重要です。そのためには原価管理システムとの連携が不可欠です。発生した原価の割合から進捗度合いを算出し、それに応じて収益と費用を按分計上する仕組みを実現する必要があります。

　また、工事の進行途中で損失が見込まれる場合には、その時点で損失を認識するための仕組みも必要です。工事原価の見積りと実績を常に比較し、損失の発生を早期に検知できるシステムの構築が望まれます。

　完成基準と進行基準は、建設業の会計処理を複雑にする大きな要因のひとつです。下図にまとめた各基準の特徴を正しく理解した上で、建設業の実情に合ったシステムの開発が必要となります。

完成基準

受注額：1億円

1年後に工事完了

→一括して収益と費用を計上する

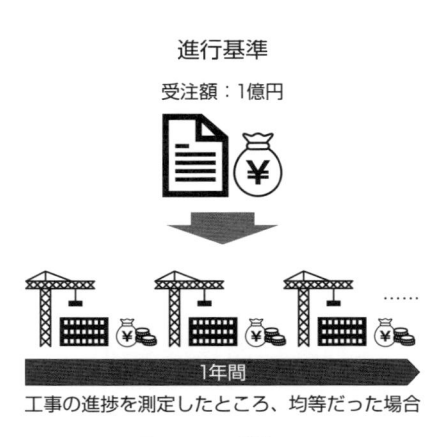

進行基準

受注額：1億円

1年間

工事の進捗を測定したところ、均等だった場合

→1カ月で8.3%の進捗
1億円×8.3%＝約833万円
の収益と費用を毎月計上する

◆完成基準と進行基準の違い

建設業会計の特殊性を突破した会計システム登場への期待

　建設業の会計処理は、一般的な企業会計とは異なる特殊性があります。完成基準と進行基準の適用に加え、建設業特有の勘定科目の存在が会計システムの導入を難しくしている要因のひとつといえるでしょう（詳しくは2-2参照）。

　建設業会計では、一般的な企業会計で使われない特殊な勘定科目が多数存在します。たとえば、**「未成工事支出金」「完成工事未収入金」「未成工事受入金」** などがその代表例です。これらの科目は、工事の進行状況に応じて発生する特殊な資産や負債を表すために用いられます。

未成工事支出金

　進行中の工事に投入された材料費や労務費などの原価を表す科目です。工事が完成するまでは、この科目に原価が累積されていきます。

完成工事未収入金

　完成した工事に対する請求金額のうち、未回収の金額を表します。

未成工事受入金

　進行中の工事に対して受け取った前受金を表す科目です。

　これらの特殊な勘定科目は、工事の進捗状況と密接に関連しているため、その管理には高度な専門性が求められます。建設業では、工事ごとの原価管理を重視する「個別原価計算」が一般的ですが、この原価管理は現場を管理する所長の重要な職務のひとつとなっています。

　多くの建設会社では、所長が表計算ソフト（Excelなど）を使って、コツコツと原価管理を行っているのが実情です。所長は、日々の材料費や労務費、外注費などを表計算ソフトに入力し、工事ごとの原価を管理します。そして、月次や四半期ごとに、その原価データを基に出来高や出来形を算出し、会社に報告するのです。

　この所長による原価管理は、建設業会計の根幹を成すプロセスですが、現状ではシステム化が進んでいません。所長が管理する表計算データと、経理部門が使う会計システムとの連携がとれていないため、データの二重入力や、情報の不一致などの問題が生じているのです。

　建設業のDX化を進める上では、この**所長の原価管理業務をいかにシステム化するか**もまた、重要なポイントになります。所長が入力した原価データを自動的に集計し、出来高や出来形を算出できるシステムの構築が求められます。さらに、そのデータを経理会計システムや決算システムと連動させることができれば、建設業におけるお金の流れの管理が飛躍的に効率化されるでしょう。

　しかし、建設業特有の勘定科目や原価計算の仕組みに対応した会計システムは、まだ十分に普及していないのが現状です。一般的な会計システムでは対応しきれないことが多いため、建設業会計の特殊性を理解し、業界の実情に寄り添った会計システムの開発が強く望まれています。所長の原価管理業務と経理部門の会計処理を一気通貫でサポートできるシステムの登場は、建設業のDXを前進させる可能性を秘めています。

2024年問題を経た現在、勤怠管理システムの普及が急務

　建設業界では2024年4月から適用の労働時間の上限規制を受けて、「労働管理」が新たな管理項目として加わりました。この問題を契機に、業界内では**勤怠管理システムの導入と普及**が急務となっています。

　建設業界は、他の業界と比べても、非常に複雑な雇用形態を抱えています。正社員、契約社員、派遣社員、日雇い労働者など、さまざまな立場の人材が入り組んで働いているのが特徴です。さらに、勤務形態も多岐にわたります。日勤、夜勤、夜勤から日勤を通して勤務、代休出勤、振替出勤など、一般的な企業では見られない勤務パターンが存在します。

　現在、多くの建設会社では、これらの複雑な勤怠管理をアナログな方法で管理しているのが実情です。タイムカードや出勤簿などの紙媒体で、個々の労働者の勤怠を管理しています。しかし、この方法では全社的な勤怠状況の把握が難しくなります。特に、労働時間の上限規制への対応

という観点では、アナログ管理の限界が指摘されています。

　この問題を解決するためには勤怠管理システムの導入が不可欠です。しかし、ここでも建設業界の特殊性ゆえに一般的な勤怠管理システムでは対応しきれないケースが多く存在します。たとえば、日給制の労働者と月給制の社員が混在している現場では、給与計算の方法が異なります。また、深夜勤務や休日勤務など、特殊な勤務形態に対応した設定が必要になります。国土交通省も2018年に建設業界における「建設業働き方改革加速化プログラム」（https://www.mlit.go.jp/common/001226489.pdf）を打ち出し、業界における勤怠管理の重要性を説いています。

　こうした背景から、最近になり建設業界の特性に対応した勤怠管理システムが登場し始めました。これらのシステムは、複雑な雇用形態や勤務形態に対応できるよう設計されており、現場の実情に即した運用が可能です。たとえば、日給制の労働者と月給制の社員を区別して管理できる機能や、深夜勤務や休日勤務の自動計算機能などが実装されています。

　しかし、これらの建設業特化型の勤怠管理システムは、まだ普及の途上にあります。多くの建設会社では、システム導入のコストや、運用体制の整備などが課題となっているのが現状です。特に、中小規模の建設会社では、IT投資への抵抗感も根強く、アナログ管理からの脱却が進んでいません。

　労働時間の適正管理は、働き方改革の大前提であり、建設業界の持続的な発展のために欠かせない取り組みです。建設業界の特性を深く理解した上で、使いやすく、現場に即した勤怠管理システムを導入して現場で運用していく体制を整えることが求められます。

建設業界ではまだまだ根強いアナログ文化

　建設業界は、深刻化する若手人材不足や2024年問題を受けて、DX化による生産性向上が急務となっています。業界全体としても、これらの課題に危機感を持っているのは事実です。しかし、一方で建設業界ではアナログ文化がいまだに根強く残っています。

　建設業界の主戦力は、40代から50代後半の比較的高齢の世代です。こ

の世代はITに対する苦手意識が強く、デジタルツールの活用に消極的な傾向があります。近年、建設業界向けのシステムやアプリケーションは徐々に増えてきていますが、「現場の実情に合わない」「使いにくい」といった声が多いのが現状です。

これは建設業界で働く主戦力の年代に対して、システム側が十分に寄り添えていないと考えることもできます。たとえば、建設現場ではガラケーを使う人が少なくありません。「スマートフォンのタッチパネルは手袋をしたままだと操作しにくい」ことや「落下させたときの丈夫さに対する信頼感」「通話音声の聞き取りやすさ」などが理由に挙げられます。

しかし、これは同時に建設業界の人々が先端のIT技術に触れる機会を失っていることを意味します。実際、業界内の50代以上は「ネット検索が精一杯」というITスキルだといわれています。この状況が生まれた背景には、建設業界特有の仕事のやり方や慣習も影響しています。

上長などの立場になると、仕事の承認業務だけは自身で行いますが、書類作成などは若手社員に任せるのが一般的です。つまり、自身でシステムに触れる機会自体が少なくなります。その結果、システムが導入されても主力世代がシステムを使いこなせず、アナログ的な業務スタイルから脱却できないという悪循環に陥っているのです。

国土交通省は、建設業のDX化を推進するために、さまざまな施策を打ち出しています。たとえば、「i-Construction」という取り組みにおいて「建設現場の生産性を2025年度までに2割向上」という目標を掲げ、ICTの全面的な活用を推進しています。

これらの施策が真に効果を発揮する上でも、主力世代のITリテラシー向上が不可欠です。そのためには、**建設業界の実情に適応し、かつ簡易でわかりやすい操作性**がシステムに求められています。これから建設業界向けのシステム開発に携わる場合には、現場の目線に立ったシステム設計を心がける必要があります。こうしたアナログ文化は、簡単に変えられるものではありませんが、業界の持続的な発展のために、この文化を変革していく必要があるのです。

システム開発エンジニアが建設業界の現状を把握する必要性

　本章を通して、建設業界におけるシステム導入には多くの課題があることが明らかになりました。建設業会計の特殊性や業界特有の仕事の流れ、根強く残るアナログ文化、主力世代の高齢化など、システム開発を進める上での壁は決して少なくありません。

　これらの壁を突破するためには、システム開発に携わるエンジニアが、**建設業界の特殊性を事前にしっかりと把握しておく**必要があります。建設業界の業務フローや慣習、業界特有の用語などを理解することは、システム開発を成功に導く上で欠かせない要素だといえるでしょう。

　しかし、ここで注意しなければならないのは、建設業界とIT業界は、ある意味で対極に位置する業界だということです。建設業界は、現場での臨機応変な対応を重視する文化が色濃く、紙の書類へ直接修正を書き込んで保管するなど、アナログ的な仕事のスタイルが主流です。

　一方、IT業界はデジタルを基盤とし、データの正確性と活用方法を考えることを柱としています。両者の間には、大きな文化的ギャップが存在するのです。

　そのため、システム開発側の人間が建設業界の仕事の流れを把握することは、容易なことではありません。現場に入り込み、実際の業務を観察し、関係者からヒアリングを行うなど、地道な努力が求められます。これは、エンジニアにとって大変な作業であることは間違いありません。

　しかし、その努力によって建設業界の特殊性を深く理解でき、業界の実情に合ったシステム開発が可能になります。特に、建設業界のITスキルに寄り添ったわかりやすい操作性のシステム開発が重要です。それこそが、建設業界のDX化を真に促進する鍵となるはずです。

　建設業界の特殊性を突破した先に生まれるシステムは、建設業界の未来を支える重要な存在になるでしょう。生産性の向上や働き方改革の実現、ひいては業界の持続的な発展に寄与することが期待されます。

第2章

建設工事とは何か？

工事とは？

工事の各フローをシステム構築によって効率化するアイデア

建設業における工事の種類

建設業の工事は、次ページの表のように大きく**土木工事**と**建築工事**の2種類に分けられます。土木工事は、**地面より下の部分を扱う工事**を指します。具体的には、道路、ダム、防波堤、港、鉄道高架橋脚、下水道、電線の地中化などが土木工事の範疇に入ります。

一方、建築工事は**地面より上の部分を扱う工事**です。小学校やマイホーム、タワーマンション、商工会議所、警察署など、大小問わず建物に関する工事はすべて建築工事に分類されます。また、土木工事と建築工事の双方にまたがる場合もあります。近年の有名な例としては新国立競技場などが挙げられます。

また、建設工事のクライアントは、**民間**と**官公庁**の2種類に大別されます。民間工事の例には、食品工場や自動車会社のテストコース作成などがあります。一方、官公庁工事は市区町村の道路や排水下水道、高速道路（NEXCOも官公庁扱い）、小学校、市場などが該当します。官公庁は、さらに「国」「都道府県」「市区町村」の3区分に分けられます。

工事を受注する際、建設会社には実績と資格が求められます。特に官公庁工事では、過去の実績や資格が重要な評価項目となります。資格とは、法的に定められている施工管理技士の資格で、「土木施工管理技士1級」「建築施工管理技士1級」などがあります。実績は、会社の実績と個人の実績の両方が求められます。たとえば、これから請け負おうとしている工事と同じ工種の実績があるかなどがポイントになります。国の実績は、「コリンズ・テクリス」（https://cthp.jacic.or.jp/）というデータベースに登録されていることが証明になります。

◆土木工事と建築工事の具体例の比較

分類	土木工事	建築工事
目的	インフラ整備、公共施設の建設	住宅、商業施設、公共建築物の建設
具体例	道路工事、橋梁工事、トンネル工事	住宅建設、オフィスビル建設、商業施設建設
施工場所	野外（都市部、郊外、山間部など）	市街地、住宅地、商業エリア
主な材料	コンクリート、アスファルト、鉄筋	コンクリート、鉄骨、木材、ガラス
施工期間	長期（数カ月から数年）	中期から長期（数カ月から数年）
規模	大規模（数百メートルから数キロメートル）	中規模から大規模（数百平方メートルから数万平方メートル）
関係法規	道路法、河川法、港湾法など	建築基準法、消防法など
施工業者	土木工事業者、ゼネコン	建築工事業者、ゼネコン
主な作業	掘削、埋戻し、舗装、鉄筋組立、基礎工事	基礎工事、骨組み工事、内装仕上げ、設備工事
設計者	土木設計士、構造エンジニア	建築士、建築設計士
主要機械	掘削機、ブルドーザー、クレーン	クレーン、フォークリフト、足場
関係者	地方自治体、国土交通省	民間企業、個人顧客、自治体
環境影響	環境影響評価（EIA）、自然環境への配慮	都市景観、周辺住民への影響
例1	高速道路の建設	高層マンションの建設
例2	河川の堤防工事	商業ビルの建設
例3	ダムの建設	学校や病院の建設

　システム開発の際、こうした建設業における工事の種類やクライアントの違い、必要な資格や実績についての理解が必要になる場面も想定されます。特に、官公庁工事と民間工事では求められる書類や手続きが大きく異なるため、違いを踏まえたシステム設計ができると良いでしょう。

建設工事の一般的な流れとポイント

　建設工事は、受注前の準備から実際の工事、引き渡しまで、いくつかのステップを経て進められます。ここでは、次ページの図にまとめた一般的な流れと各段階のポイントについて解説します。

STEP1 受注前の準備	STEP2 受注	STEP3 実行予算の作成	STEP4 工事の実施	STEP5 検査と引き渡し
・顧客ニーズの把握 ・見積書および提案書の作成 ・入札準備	・入札 ・特命	・工事担当者、専門部署による予算作成 ・協力会社への発注	・工程管理 ・安全管理 ・品質管理 ・原価管理 ・労務管理	・実態検査 ・書類検査 ・顧客への引き渡し ・瑕疵担保責任

◆建設工事の一般的な流れ

STEP1：受注前の準備

　建設会社は、工事を受注するために、さまざまな準備を行います。まず、営業担当者が顧客のニーズを把握し、見積書や提案書を作成します。この際、社内の原価管理担当者（購買担当者、所長など）と相談しながら、適切な金額を算出します。また、入札に参加する場合は、過去の実績や資格などの必要書類を準備します。

　ここでは、見積書や提案書の作成を支援するシステムの開発が有効です。過去の類似案件のデータを活用し、適切な金額を算出できる機能が求められます。また、入札に必要な書類の管理システムも重要です。

STEP2：受注

　受注方法は入札と特命の2種類があります（詳しくは3-1参照）。官公庁工事の場合は、ほとんどが入札で行われます。入札で落札すると発注者との契約が成立します。特命の場合は、顧客から直接依頼を受けて契約に至ります。

　ここでは入札情報の管理システムが必要になります。入札日程や必要書類、結果などを一元管理できるようにしましょう。特命の場合も、顧客との折衝記録を管理できるシステムがあると便利です。

STEP3：実行予算の作成

　受注後、工事担当者または専門部署が実行予算を作成します。実行予

算とは、工事を実際に進める上での予算のことです。この予算に基づいて、協力会社（専門工事会社）への発注が行われます。

　ここでは実行予算の作成と管理のためのシステムが重要です。予算と実績を常に比較できるようにし、コスト超過を防ぐ機能が求められます。また、協力会社への発注管理システムとの連携も考慮します。

STEP4：工事の実施

　工事が始まると、安全管理、工程管理、品質管理、原価管理、労務管理といったさまざまな管理業務が発生します。工事の進捗に合わせて、定期的に予算管理の報告が行われます。

　ここでは各管理業務を支援するシステム開発が重要です。特に、工事の進捗管理と予算管理のシステムは密接な連携が必要となります。また、現場とオフィスの情報共有を円滑にする機能も求められます。

STEP5：検査と引き渡し

　工事が完了すると、実態検査（物ができているかの確認）と書類検査が行われます。特に官公庁工事では、厳しい検査が行われます。検査に合格すると、顧客への引き渡しが行われます。引き渡し後も、一定期間の瑕疵担保責任（建設業においては、引き渡した目的物（たとえば、建設工事請負によって完成した建物）が種類または品質に関して契約の内容に適合しない場合に請負人が負う責任のこと）が発生します。

　ここでは検査に必要な書類の管理システムが重要です。工事の進捗に合わせて、必要な書類が自動的に生成される仕組みが望ましいでしょう。また、引き渡し後の瑕疵担保責任の管理システムも必要です。

　各段階で発生するさまざまな情報を効率的に管理し、現場とオフィスの連携を円滑にすることが建設業のDXにおけるポイントだといえます。

┃工事費用の支払いの注意点

　工事費用の支払いは建設業において重要な要素です。ここでは工事費

用の支払いに関する基本とシステム開発時の要点を解説します。

発注契約時の注意点

　最初の重要ポイントは発注契約です。発注契約は工事の内容、期間、費用を明確にするものであり、双方の合意を基に締結されます。契約内容に次の点をきちんと盛り込むことが必要です。

　まずは、**費用の内訳**です。工事費用は大きく分けて労務費と材料費に分かれます。内訳を明確にしておくことで、後々の支払いトラブルを避けることができます。

　支払いのタイミングや方法も明記します。たとえば、工事の進捗に応じ分割払いする場合や一定の完成度に達した際に支払う場合があります。

　また、**支払いサイト**についても盛り込みます。労務費と材料費では支払いサイトが異なることが多いです。労務費は短期的に支払われ、材料費は比較的長期の支払いが多い傾向です。

建築業法における「労務費」と「材料費」の比較

　建築業法では、労務費と材料費について異なる取り扱いがなされます。これを理解することは、システム開発においても重要です。労務費は、**工事に従事する労働者の賃金や手当**などに該当します。支払いサイトは一般的に短く、現場での支払いが求められることが多いです。材料費は、**工事に必要な資材や機材の購入費用**を指します。支払いサイトは労務費に比べて長く、通常は月末締め翌月払いなどの条件が設定されます。

見積りの後に工事内容が変更になる場合

　工事の進行中に、顧客の要求によって工事内容が変更されることはめずらしくありません。この場合、見積段階で設定した予算に変更が生じることがあります。そのため、変更契約や経理の調整方法を加味することも必要です。

　まず、**変更契約**です。工事内容の変更が発生した場合、新たな見積りを作成し、変更契約を締結する必要があります。ここでは、追加費用や

工期の延長などを明確にしておきます。

次に、**経理の調整方法**です。見積り後の変更に伴った適切な経理処理が必要です。たとえば追加費用は工事進行基準に基づき進捗に応じて計上します。支払条件変更に伴うキャッシュフロー調整も重要です。

システム開発時の考慮点

システム開発エンジニアが建設業向けのシステムを開発する際には、以下の4つの点を考慮することが求められます。

1つ目は、**費用管理機能**です。工事費用の労務費と材料費を分けて管理できる機能を搭載することが重要です。これにより、支払いサイトの異なる費用の管理が容易になります。

2つ目は、**進捗管理機能**です。工事の進捗に応じて支払いを管理する機能を設けることで、支払いのタイミングを適切に設定できます。また、進捗に応じた費用の自動計算機能も有効です。

3つ目は、**変更管理機能**です。工事内容の変更が発生した場合に対応できるよう、変更契約の管理機能を設けることが重要です。これにより、変更に伴う費用の再計算や契約書の更新が迅速に行えます。

4つ目は、**システムとの連携**です。工事費用の支払いに関する情報を経理システムと連携させ、費用の計上や支払処理を効率化できます。特に、労務費と材料費の支払いサイトの違いを考慮した連携が必要です。

建設工事の費用管理は、労務費と材料費の取り扱いや契約内容の変更に伴う経理処理など、複雑な要素が絡み合います。システム開発の際は、これらの点を十分に理解し、適切な機能を設計・実装することが求められます。工事費用の支払いに関する注意点を押さえることで、建設業界の実務に即したシステム開発を実現できるでしょう。

┃ 見積作成工程のスケジュール感

建設工事の見積作成にかかる時間は、工事の規模に大きく左右されます。数百億円規模の大型工事では、見積りだけで1年近くかかることもあります。一方、数千万円規模の小規模工事であれば、数日で見積りを

作成できる場合もあります。そのため、システム開発時には見積作成の進捗管理機能を検討すると良いでしょう。工事規模に応じて、適切な見積作成スケジュールを提案できるような雛形機能があると有用である可能性が高いです。また、見積作成の進捗状況を可視化し、関係者間で共有できる機能も喜ばれます。

また、官公庁工事と民間工事では見積りから入札、落札までのスケジュールに差があります。官公庁工事の場合、見積りから入札、落札までに2カ月程度かかるのが一般的です。一方、民間工事の場合は顧客によって異なりますが、官公庁工事よりもペースが速いのが通常です。そのため、**官公庁工事と民間工事で、見積作成のワークフローを分けて管理できるようにしましょう**。各スケジュールに合わせた進捗管理を可能にし、必要書類の管理ができる機能の提案も有効です。

建設工事では、落札後に実行予算を作成し専門業者へ発注するまでのスケジュールがとてもタイトです。これは工事の着工日と完工日が決まっているからです。工事の規模にもよりますが、通常1〜2カ月程度です。このタイトなスケジュールを乗り越えるための**実行予算の作成専門業者への発注を効率化するシステム開発**も現場のニーズに合います。過去の類似した工事データを管理・検索し活用することで、迅速な予算作成を支援する機能を実現すれば業務効率化に大きく役立ちます。また、発注先の選定や発注書の作成をアシストする機能も有用でしょう。

建設工事では、見積作成に多くの時間と労力を要します。この作業を効率化することが、建設業のDXにおける重要な課題のひとつだといえます。その課題を乗り越えるために、**AI技術を活用した見積作成支援システムの開発**を検討するのもひとつの手段です。過去の工事データを機械学習させることで、適切な数量や単価を自動的に提案する機能が実現できれば、見積作成の大幅な効率化が図れるでしょう。

建設業界では、多数の過去の工事事例とリアルタイムの資材価格データなどを複合的に管理、検索しながら書類に反映させる必要があります。その点では、AIやビッグデータ技術の活用によって、建設業の見積作成は大きく変革できる可能性を秘めていると考えられます。

2-2 工事とシステムの前提知識（1）勘定科目

さまざまな違いがある建設業会計と一般会計

建設業会計で使用する一般会計と異なる勘定科目

建設業は工事の着工から引き渡しまでの期間が長く、会計年度をまたぐことが多いという特性があります。そのため、一般的な企業会計とは異なる会計処理が必要となります。この建設業特有の会計処理を**建設業会計**と呼びます。

建設業会計の特徴のひとつは、**一般会計とは異なる勘定科目を使用すること**です。これは、建設業法施行規則という法律で定められています。たとえば、一般会計で使用される「売掛金」は、建設業会計では「完成工事未収入金」という勘定科目で処理されます。

この違いは冒頭で触れた建設業の業務形態に起因しています。一般的な企業では、商品やサービスを提供し代金を受け取るという流れが短期間で完結します。一方、建設業では工事の着工から引き渡しまでに期間を要し、その間に複数の会計年度をまたぐことがめずらしくないため、工事の進行に合わせて収益と費用を適切に認識する必要があるのです。

建設業会計の勘定科目は、この業界特有の事情を反映した内容となっています。たとえば、「未成工事支出金」は、進行中の工事に関する支出を一時的に貯める勘定科目です。これは一般会計の「仕掛品」に相当します。また、「工事未払金」は、外注費などの工事関連の未払金を処理する勘定科目で、一般会計の「買掛金」に相当します。

建設業会計では、これらの特殊な勘定科目を使用することで、工事の進捗状況に応じた適切な会計処理が可能になります。たとえば、「完成工事高」は、工事が完成した時点で計上される収益を表す勘定科目です。これに対応する費用が「完成工事原価」です。これらの勘定科目を使用することで、工事ごとの損益を明確に把握することができるのです。

また、「未成工事受入金」は、工事の着手前に受け取った前受金を処理する勘定科目です。一般会計では「前受金」という勘定科目が使われますが、建設業会計では、工事の進行状況に合わせて、この「未成工事受入金」を「完成工事高」に振り替えていきます。

　このように建設業会計の勘定科目は工事の進行に合わせて収益と費用を適切に認識し、正確な財務状況を把握するために設計されています。建設業会計では、この特殊性ゆえに一般的な会計知識だけでは理解が難しく、建設業会計に精通した専門家が必要とされています。実際、建設業経理士という資格があるように、建設業会計は高度な専門知識が要求される分野です。この資格は建設業会計の基礎知識から原価管理、税務、経営分析まで幅広い知識を問うものであり、建設業界では会計のプロフェッショナルとして認知されています。

　しかし、この建設業会計の特殊性により、一般的な会計システムでは建設業特有の勘定科目に対応していないことが多く、建設業者が市販の会計ソフトを導入しても、自社の会計処理に合わない問題が起こります。

　この問題を解決するためには、建設業会計に特化した会計システムの普及が不可欠です。**建設業の勘定科目や会計処理の流れに合わせて設計されたシステム**であれば、スムーズな会計業務が可能になります。また、**工事の進捗管理や原価管理などの機能**も組み込むことで、経営の効率化にも大きく貢献するでしょう。

　建設業界のDXを推進するためには、このような業界特有のニーズに合ったシステムの開発が急務だといえます。開発の際、システム開発エンジニアには、建設業会計の特殊性を十分に理解するためにも、**建設業経理士などの専門家の知見を取り入れること**が重要です。

　専門家の知識と経験は、システム設計に欠かせない要素となるでしょう。また、実際の建設業者の声に耳を傾け、現場のニーズを的確に捉えることも大切です。建設業会計は複雑で難解なものですが、それだけに、ITの力によって大きく改善できる余地があります。

　次に、建設業会計と一般会計の違いについて、代表的な勘定科目を比較してまとめます。次ページの比較表を参考にしてみてください。

◆建設業会計と一般会計の代表的な勘定科目の比較

一般会計の勘定科目	建設業会計の勘定科目	説　明
売上高	完成工事高	一般の売上高に相当するが、建設業ではその年度に完成した工事の総額を指す
売掛金	工事未収入金	一般の売掛金に相当し、完成した工事の代金でまだ受け取っていない金額を指す
買掛金	工事未払金	一般の買掛金に相当し工事に関連する未払いの費用を指す
仕掛品	未成工事支出金	一般の製造業の仕掛品に相当し、工事が完了していない段階での支出を指す
前受金	未成工事受入金	一般の前受金に相当し、工事が完了する前に受け取った支払金を指す
製造原価	工事原価	一般の製造業の製造原価に相当し、建設業では直接工事にかかる費用全般を指す
減価償却費	減価償却費	同様に建設業においても、建設機械や設備などの減価償却費用を指す
仮勘定	工事仮勘定	一般の仮勘定に相当し、特定の工事に関連するが、まだ具体的にどの工事に属するか不明な支出を指す
収益	完成工事未収益	一般の収益に相当し、工事が完了したがまだ認識されていない収益を指す
費用	完成工事未費用	一般の費用に相当し、工事が完了したがまだ認識されていない費用を指す
売上原価	工事原価	一般の売上原価に相当し、建設業では直接工事にかかる費用全般を指す
引当金	工事損失引当金	一般の引当金に相当し、将来発生する可能性のある工事の損失に備えるための引当金を指す
現金・預金	現金・預金	建設業でも同様に現金および銀行預金を指す
売上債権	工事未収入金	一般の売上債権に相当し、完成した工事の代金でまだ受け取っていない金額を指す
短期借入金	短期借入金	建設業でも同様に短期借入金を指す
未払費用	工事未払金	一般の未払費用に相当し、工事に関連する未払いの費用を指す

　建設業会計と一般会計では会計処理の期間の捉え方や勘定科目の相違があり、その専門性に差があることが理解できたでしょうか。この差が建設業界の会計システム導入の障壁となっており、業界特有の経済活動を的確に反映するシステムの普及が待たれる状況を生み出しています。

「工事完成基準」とは？

建設業界では、工事の進行状況や完成時期によって収益を認識する基準が一般的な企業会計とは異なります。その代表的な基準のひとつが第1章で紹介した**工事完成基準**です。工事完成基準とは文字通り工事が完成した時点で、その工事の収益と費用を一括して認識する方法です。つまり、工事が完了し成果物が発注者に引き渡された時点で、収益と費用が計上されるのです。

この基準では、工事の進行中は収益も費用も計上されません。工事にかかった費用は「未成工事支出金」という勘定科目で資産計上され、工事が完成するまで貸借対照表に記載されます。そして、工事が完成した期に、その費用は「完成工事原価」として損益計算書に計上され、同時に「完成工事高」という名目で収益が計上されます。

工事完成基準が適用されるのは、主に次のようなケースです。

①工事期間が比較的短く、同一会計期間内に完了する工事
②工事の進捗状況を合理的に見積もることが困難な工事
③工事の成果物の引き渡し時期が明確な工事

特に、個人住宅の建設工事や小規模な工事では、工事完成基準が用いられることが多いでしょう。一方、工事期間が長期にわたり、複数の会計期間をまたぐような大規模工事では、工事完成基準を適用すると、実際の工事進捗状況と収益・費用の認識にズレが生じてしまいます。このような場合には、後述する工事進行基準が適用されることが一般的です。

工事完成基準は、工事の進行状況にかかわらず、完成時点で一括して

収益と費用を認識するシンプルな方法です。しかし、この方法では工事の進捗に伴う収益や費用の変動が財務諸表に反映されないため、工事の実態を正確に把握することが難しいというデメリットもあります。

特に、工期が長く規模の大きな工事では、工事完成基準を適用すると、工事進行中の業績がまったく財務諸表に反映されないことになります。これでは、工事の進捗管理や原価管理が非常に困難になってしまいます。

また、工事が赤字になることが完成時点まで判明しないというリスクもあります。工事進行中に赤字が見込まれるようになっても、完成するまでその事実が財務諸表に反映されないのです。そのため工事の進捗管理や原価管理のシステムを開発する際には、こうした工事完成基準の特性を考慮に入れる必要があるでしょう。この基準を適用していても、内部管理上は工事の進捗に応じた収益・費用の把握が必要となるはずです。

また、**工事完成基準から工事進行基準への移行をサポートするシステムの開発**も、重要な課題のひとつだといえます。工事完成基準の課題を克服し、より実態に即した財務管理を可能にするためには、工事進行基準の適用が不可欠だからです。

｜「工事進行基準」とは？

工事完成基準と並んで重要な収益認識基準が、同じく第1章で紹介した**工事進行基準**です。工事進行基準とは、工事の進捗に応じて各会計期間の収益と費用を認識する方法のことをいいます。つまり、工事が完成する前の各会計期間においても、その期間の工事の進捗度に応じた収益と費用が計上されるのです。この基準が適用されるのは、主に次のような場合です。

①工事の進行途上においても、その進捗部分について成果の確実性が認められる場合
②工期が長期にわたり、工事の完成まで複数の会計期間を要する場合
③大規模な工事で、工事代金の入金が分割されるなど、工事の進行に応じて対価を収受する契約となっている場合

特に、大規模な土木工事やプラント建設、造船などの長期プロジェクトで適用されることが一般的です。適用するためには、工事の進捗度合いを合理的に見積もる必要があります。一般的には、発生した原価の割合（原価比例法・7-4参照）や工事の出来高（出来高比例法）などを用いて進捗度が算定されます。

　最大のメリットは、**工事の進捗状況が財務諸表に適切に反映される**点です。工事完成基準では、工事が完成するまで収益も費用も計上されませんが、工事進行基準では、工事の進捗に応じて収益と費用が認識されるため、より実態に即した財務諸表の作成が可能になります。

　これは、工事の進捗管理や原価管理、さらには経営判断にも大きな影響を与えます。進捗状況や収支状況をリアルタイムで把握できるため、問題の早期発見や適切な対策が可能になるのです。

　一方で、デメリットもあります。それは、**進捗度の見積りに不確実性が伴う**点です。工事の進捗状況や最終的な原価を正確に予測することは容易ではありません。見積りが実態と乖離すれば、財務諸表の信頼性が損なわれる可能性があるのです。

　また、工事進行基準は会計処理が複雑になるため、**事務負担が増大**します。そのため、各期の収益と費用を適切に算定し、記帳するためには、高度な会計知識と厳密な進捗管理が求められます。この基準は、建設業会計における重要な収益認識基準です。そのため、各期の収益と費用を適切に算定し、財務諸表に反映できるようなシステムと、進捗度の算定を支援するシステムの開発が待ち望まれます。さらにAI技術を活用して正確な進捗度の見積りを可能にするようなサービスの開発もできれば、建設業界の業務効率化に大きく寄与することでしょう。

「工事完成基準」と「工事進行基準」の比較

　建設業会計における「工事完成基準」と「工事進行基準」について、改めて要点をまとめておきます。

工事完成基準

　工事が完了した時点で収益を一括して認識する方法です。この基準は会計処理が簡便で、収益の確実性が高い段階で認識されるため、その信頼性が担保されます。ただし、長期工事においては収益の把握に時間がかかるため、業績評価が困難になる場合があります。

工事進行基準

　長期にわたる工事や大規模プロジェクトに適用されることが多く、工事の進捗状況に基づき収益を計上します。これにより収益と費用を同じ期間で対応しやすくなり、より正確な経営状況の把握ができます。しかし、進捗状況の適切な評価や複雑な会計処理が必要となります。

◆「工事完成基準」と「工事進行基準」の比較

項　目	進行基準	完成基準
定義	• 工事の進捗状況に応じて収益を認識する会計基準 • 工事の進行割合に基づき、収益および費用を計上する	• 工事が完了し、引き渡しが行われた時点で収益を認識する会計基準 • 工事の完了をもって収益および費用を計上する
収益認識のタイミング	工事の進捗に応じて逐次認識	工事完了時に一括認識
費用の認識	工事の進捗に応じて逐次認識	工事完了時に一括認識
適用される工事	長期にわたる工事（通常1年以上）に適用されることが多い	短期間の工事や、進行基準の適用が難しい工事に適用されることが多い
メリット	• 収益と費用のマッチングがしやすい • 長期プロジェクトの収益をタイムリーに報告可能	• 会計処理が簡便 • 収益の確実性が高い時点で認識するため、収益の確実性が担保される
デメリット	• 会計処理が複雑になる • 進捗状況の適切な評価が求められる	• 収益と費用のタイミングがズレる • 長期工事では収益認識が遅れるため、業績評価が難しくなる
使用する会計基準の指針	日本基準では「工事契約に関する会計基準」など、国際基準ではIFRS第15号「顧客との契約から生じる収益」	進行基準と同じ。ただし、適用する基準の条項が異なる
会計処理例	たとえば、工事進捗が50%の段階で、契約金額の50%を収益として認識	工事完了時に契約金額全額を収益として認識
適用例	大型建築プロジェクト、インフラ建設	戸建て住宅の建築、小規模リフォーム
進捗評価方法	工事完成度の測定方法として、原価比例法、作業進行法などが使用される	特定の進捗評価は行わず、完了時に全額計上

工事とシステムの前提知識（3）工種・工期

必要な許可に対する誤解と工事内容に合わせた工期設定

建設業許可と29の工種

建設業経営には、原則として国土交通大臣または都道府県知事の許可を受ける必要があります。この許可を**建設業許可**と呼びます。

建設業許可は建設業法という法律に基づいて行う手続きです。これには**国土交通大臣許可**（以降、大臣許可）と**都道府県知事許可**（以降、知事許可）の2種類があります。2つ以上の都道府県に営業所を設けて営業する場合は「大臣許可」が、ひとつの都道府県内でのみ営業する場合は「知事許可」が必要です。両者の主な違いは下表の通りです。

◆「大臣許可」と「知事許可」の比較

比較項目	国土交通大臣許可	都道府県知事許可
許可の範囲	複数の都道府県にまたがる場合	ひとつの都道府県内のみ
許可の権限	国土交通大臣	各都道府県知事
対象事業者	事業所が複数の都道府県にある場合	事業所がひとつの都道府県内にある場合
手続きの管轄	各地方整備局	各都道府県庁
許可申請先	各地方整備局または国土交通省	各都道府県庁
許可の有効期限	5年	5年
更新手続き	許可の有効期限満了前に行う	許可の有効期限満了前に行う
申請書類の複雑さ	比較的複雑	比較的簡便
申請費用（例：手数料）	高め	低め

また、建設業許可には一般建設業許可と特定建設業許可の2種類があります。発注者から直接請け負った1件の工事で下請契約の合計金額が4,500万円（建築工事業の場合は7,000万円）以上となる場合は特定建設業許可が必要です。それ以外は、一般建設業許可となります。

```
┌─────────────────────────────────────────────────────┐
│        元請工事（施主からの直接依頼）である            │
└─────────────────────────────────────────────────────┘
   YES ↓                                        NO
┌─────────────────────────────────────────────────────┐
│        工事（一部または全部）を下請けに出す場合がある    │
└─────────────────────────────────────────────────────┘
   YES ↓                                        NO
┌─────────────────────────────────────────────────────┐
│        建築一式工事（家やビルを建てる工事）である        │
└─────────────────────────────────────────────────────┘
   YES ↓                          NO ↓
┌──────────────────────┐   ┌──────────────────────┐
│ ひとつの工事ですべての下請契約 │   │ ひとつの工事ですべての下請契約 │
│ 金額が総額7,000万円以上になる │   │ 金額が総額4,500万円以上になる │
└──────────────────────┘   └──────────────────────┘
        NO    YES                      NO
 YES
┌──────────────────────┐      ┌──────────────────────┐
│      特定建設業許可      │      │      一般建設業許可      │
└──────────────────────┘      └──────────────────────┘
```

◆「特定建設業許可」と「一般建設業許可」の判別

　建設業許可の対象となる建設工事は、29の業種に分類されています。「土木一式工事」「建築一式工事」の**2種類の一式工事**と、「大工工事」「左官工事」「とび・土工・コンクリート工事」など**27種類の専門工事**に分けられます。一式工事は総合的な企画や指導、調整の下に土木工作物や建築物を建設する工事を指します。一方、専門工事は特定の専門的な工事を指します。

　建設業許可を取得するためには、各業種に定められた要件を満たす必要があります。たとえば一定の専門知識や実務経験を持つ技術者（専任技術者）の配置、一定の財産的基礎（自己資本や資金調達能力）などが求められます。工事の受発注管理システムを開発する際には、一式工事と専門工事の違いや業種ごとの許可の有無などを考慮に入れる必要があります。また、技術者の配置や財産的基礎などの許可要件を満たしているかどうかのチェック機能もシステムに組み込むことが求められるでしょう。

「一式」許可への誤解

　前述の通り、建設業許可の29業種のうち、「土木一式工事」と「建築一式工事」の２つは一式工事と呼ばれています。この許可を取得していると、関連する下請け工事を包括的に請け負うことができます。たとえば、建築一式工事業の許可を持つゼネコンは、建築物の建設工事全体の元請けとなり、電気工事や管工事などの専門工事業者に下請発注をしながら、工事全体を総合的にマネジメントできます。

　しかし、「一式」という言葉から、「この許可さえあれば、専門工事も含めたすべての建設工事を請け負える」という誤解を生んでしまうことがあります。建設業許可における一式工事の位置づけを正しく理解しておかないと、システム開発の際に適切な業務フローを組むことができなくなってしまいます。

　実際には、**一式工事業の許可があっても、その工事に含まれる個別の専門工事を元請けとして直接請け負うことはできません**。たとえば、建築一式工事業者が、内装工事を単体で元請け契約することは、内装仕上工事業の許可がないとできないのです。

　つまり、一式工事の許可は、あくまでもその工事の全体を総合的に請け負う許可であって、含まれる専門工事すべてを直接施工できる「包括的・万能な許可」ではないのです。

　もちろん、一式工事業者であっても、専門工事業の許可をあわせて取得することで、その専門工事を元請けとして請け負うこともできます。大手ゼネコンの多くは、一式工事業の許可に加え、多くの専門工事業の許可も取得しているため、幅広い工事に対応できる体制を整えています。

　ここまでの工種の解説を踏まえたものが、次ページの一覧表です。

　このように、建設業における「工種」とは、具体的な作業やプロジェクトの種類を指します。そして、次に解説する「工期」はプロジェクト開始から完了までの期間を指します。工期は「規模」「工事の複雑さ」「気候や天候」「資材や人材」といったさまざまな要素によって左右されることに注意が必要です。

◆建設業許可の29工種一覧表

工種番号	工種名	概　要
1	土木一式工事業	道路、橋梁、トンネル、河川、ダムなどの土木構造物を施工する工事
2	建築一式工事業	建物の新築、増改築、修繕を行う工事。住宅、商業施設、公共施設などが対象
3	大工工事業	木造建築物建設や木造部分の施工、修理を行う工事
4	左官工事業	壁、床、天井などの表面をモルタル、コンクリート、漆喰などで仕上げる工事
5	とび・土工・コンクリート工事業	足場の設置、基礎工事、土砂の掘削や埋戻し、コンクリート打設などを行う工事
6	石工事業	石材を使い、建物や構造物の装飾や補強を行う工事
7	屋根工事業	屋根の施工や修理を行う工事。瓦、金属、スレートなどの屋根材を使用
8	電気工事業	電気設備の設置や修理、メンテナンスを行う工事。配線工事や照明設置などが含まれる
9	管工事業	給排水、ガス、冷暖房設備の設置や修理を行う工事
10	タイル・れんが・ブロック工事業	タイル、れんが、ブロックを使用して、建物の外装や内装を仕上げる工事
11	鋼構造物工事業	鉄骨や鋼材を使用して、橋梁やビルなどの構造物を建設する工事
12	鉄筋工事業	鉄筋を組みコンクリート構造物を補強する工事
13	舗装工事業	道路や駐車場の舗装を行う工事。アスファルトやコンクリートを使用
14	しゅんせつ工事業	河川や港湾の底をしゅんせつし、深さを確保する工事
15	板金工事業	金属板を使用して、建物の屋根や外壁、内部設備を施工する工事
16	ガラス工事業	窓ガラス設置や修理、ガラス製品加工を行う工事
17	塗装工事業	建物や構造物の表面に塗料を塗布し、保護や美観を目的とする工事
18	防水工事業	建物や構造物に防水処理を施し、水漏れを防止する工事
19	内装仕上工事業	建物の内装を仕上げる工事。壁紙、床材、天井材などを使用
20	機械器具設置工事業	工場やプラントなどで機械設備を設置する工事
21	熱絶縁工事業	建物や設備に断熱材を設置し熱の流出入を防ぐ工事
22	電気通信工事業	電気通信設備の設置や修理を行う工事。通信ケーブルやネットワーク設備など
23	造園工事業	公園や庭園、緑地の設計・施工を行う工事。植栽、舗装、池の設置など
24	さく井工事業	井戸を掘削し、水源を確保する工事
25	建具工事業	ドアや窓、ふすまなどの建具の設置や修理を行う工事
26	水道施設工事業	上水道や下水道の施設を建設する工事。給水管や排水管の敷設など
27	消防施設工事業	消防設備の設置や修理を行う工事。スプリンクラーや消火器の設置など
28	清掃施設工事業	廃棄物処理施設の建設や清掃を行う工事。ゴミ焼却施設やリサイクルプラントなど
29	解体工事業	建物や構造物を解体し、更地にする工事

　　工期は建設プロジェクト全体の「施工段階」に該当します。ここでは、基礎工事から主要構造物の建設、仕上げ工事までの建設作業を行います。

| 建設プロジェクト全体の流れ |

❶計画段階	❷施工準備段階	❸施工段階 工期	❹完成・引き渡し段階
・調査 ・設計 ・許認可取得	・入札／契約 ・現場準備	・基礎工事 ・主要構造物の建設 ・仕上げ工事	・検査 ・引き渡し

◆建設工事全体の流れと「工期」に該当する区分

　工期は、**発注者と元請業者の間で締結する請負契約で定められます**。工期の設定では、発注者は時間外労働規制を遵守する適正な工期設定に協力し、受注者は著しく短い工期で締結せず、適正な工期の見積提出に努める必要があります。設定方法は、公共工事と民間工事で若干の違いがあります。公共工事の場合、一般的に**発注者が工期を設定し入札に付されます**。ただし、工事の特性などに合わせて施工の前段階から受注者が関与し、発注者と協議・合意の上で工期を設定することもあります。民間工事の場合は、受注者の提案などに基づき**発注者が設定したり、双方合意の上で設定**したりといろいろなケースがあります。

　また、工期が遅延した場合、追加の費用負担や残業時間の増加など、あらゆるリスクが生じます。その際は受発注者間で協議し、工期の延長や費用の変更などの変更契約を行う必要があります。工期の延長ができず工程を短縮せざるを得ない場合は、必要な掛かり増し費用などを適切に変更契約に反映させる必要があります。さらに2024年4月以降からは原則月45時間、年360時間を超える時間外労働は認められません。つまり、**適正な工期設定のために各工程に必要な作業量と工数を正確に見積り、それに見合った人員を確保する**必要があります。余裕のある工期設定で予期せぬ事態に備えることも重要です。

　現場では、工期遅延を防ぐために入念な施工計画や関係者間での調整、適切な工程管理が行われます。遅延の発生時も、クリティカルパス上の作業進捗を優先的に管理するなど、影響を最小限に抑える努力がなされます。システム開発ではこれら工期の特性を理解するようにしましょう。

第 3 章

建設工事の業務詳細

営業実務（1）顧客管理（＝営業支援）

顧客特性に応じた営業支援システム設計

建設業の顧客は、官庁（公共工事）と民間の2種類に分けられる

　建設業の顧客は大きく官庁（公共工事）と民間の2種類に分けられます。この分類は、工事の受注方法や管理方法に大きな影響を与えるため、システム設計時に考慮すべき重要な要素となります。

官庁（公共工事）の顧客

　官庁の顧客は、主に下表のような組織が挙げられます。

◆官庁（公共工事）の顧客

国の機関	地方自治体	公共団体・独立行政法人
• 国土交通省 • 防衛省 • 文部科学省 • その他の省庁	• 都道府県 • 市区町村	• 日本道路公団（NEXCO） • 港湾管理団体 • 空港管理団体

　官庁（公共工事）の代表的な工事の種類には、次ページの図にまとめているようなものがあります。また、官庁（公共工事）の顧客管理において注意すべき点は、システム開発時にも留意すべき点であると考えられます。具体的には以下の通りです。

①入札情報の管理

　公共工事は主に入札方式で発注されます。その際、入札公告の情報収集、参加資格要件の確認、必要書類の作成・提出など、数多くの手続きを確実に進める必要があります。これらの情報をデジタル化して効率的に一元管理することで、入札への迅速な対応と手続きの漏れや遅延を防ぐことができます。

公共工事の例				
土木工事	・道路　・河川 ・橋梁　・港湾 ・ダム		建築工事	・庁舎　・公営住宅 ・学校 ・病院
管工事	・上水道 ・下水道 ・ガス管		電気工事	・送電設備 ・配電設備 ・公共施設の電気設備
造園工事	・公園 ・緑地 ・街路樹			

◆官庁（公共工事）の種類と具体例

②実績データベースの構築

公共工事の入札では過去の工事実績が重要な評価要素となるため、工事実績を適切に管理し、必要に応じて抽出できるシステムが求められます。特に、工事の規模、工種、技術的特徴、施工場所などの情報を体系的にデータベース化することで、入札参加資格の確認や技術提案書の作成を効率化できます。

③法令遵守

公共工事に関する法令や規制は多岐にわたり、建設業法、入札契約適正化法、品確法など、さまざまな法令への対応が必要です。これらの法令改正情報を常に把握し、コンプライアンス体制を整備することが重要です。特に、施工体制台帳の作成・保管や施工体系図の掲示など、法定書類の適切な管理が求められます。

④セキュリティ対策

官庁関連の情報は機密性が高いため、強固なセキュリティ対策が求め

られます。特に、入札情報や工事関係書類、設計図書などの重要情報について、アクセス制限やデータ暗号化、バックアップ体制の整備が必要です。また、情報漏洩防止のため関係者以外の立入制限や、書類の管理方法についても明確なルールを設定する必要があります。

民間の顧客

民間の顧客は、主に次ページの表のように分類されます。

◆民間の顧客

企 業	個 人	その他
• 一般企業（オフィスビル、工場など） • デベロッパー（マンション、商業施設など） • 不動産会社	一般個人（住宅建設など）	• 医療法人（病院、クリニックなど） • 学校法人（私立学校など） • 宗教法人（寺社、教会など）

民間工事の代表的な種類には、下図のようなものがあります。

◆民間工事の種類と具体例

システム開発の観点から、民間の顧客管理において注意すべき点として次のような事柄が挙げられます。

①顧客関係管理

民間工事では、顧客との関係性が重要となるため、過去の取引履歴や顧客とのコミュニケーション履歴を適切に管理できる機能が必要です。

②案件管理

民間工事は官庁に比べて案件の規模や内容が多様であるため、柔軟な案件管理機能が求められます。

③見積り・提案管理

民間工事ではコンペや見積り合わせが一般的なため、効率的な見積作成や提案書管理の機能が重要です。

④スケジュール管理

民間工事では工期の柔軟な調整が求められることが多いため、効果的なスケジュール管理機能が必要です。

さらに、民間の顧客は**取引実績のある既存顧客**と**新規顧客**に分けられます。既存顧客へは過去の取引履歴を活用した提案ができるのに対し、新規顧客に対しては業界や企業規模に応じた適切なアプローチが必要となります。こうした顧客の特性に応じた営業支援機能も考慮する必要があります。

建設業の顧客を官庁（公共工事）と民間に分類し、それぞれの特性を理解することは、効果的な営業支援システムを開発する上で非常に重要です。官庁と民間では工事の受注方法や管理方法が大きく異なるため、それぞれの特性に応じたシステム機能の実装が求められます。

官庁と民間それぞれの工事受注方法

官庁（公共工事）と民間工事では、その受注方法に多少の違いが存在します。ここでは、それぞれの工事受注方法をまとめていきます。

まず官庁は、主に「**入札**」と「**特命**」の2種類の方法があります。

入札

複数の業者が価格を提示し、最も有利な条件を提示した業者が工事を受注する方式です。公共工事の場合、原則として競争入札を行うことが法令で定められています。

入札の種類には、下表の4通りが挙げられます。

◆入札の種類

種　類	概　要
一般競争入札	参加資格を満たすすべての業者が参加できる
指名競争入札	発注者が指名した業者のみが参加できる
総合評価方式	価格だけでなく技術力も評価の対象となる
プロポーザル方式	事業の内容や提案を提出させ、その内容を審査し落札者を決定する

また、入札のメリットとデメリットをまとめると、下表のようになります。

◆入札のメリットとデメリット

メリット	デメリット
・透明性が高い ・競争原理が働き、コスト削減につながる可能性がある ・新規参入の機会が公平に与えられる	・手続きに時間がかかる ・価格競争が激しくなり、品質低下のリスクがある ・小規模な業者にとっては参加のハードルが高い場合がある

官庁では、入札による受注が全体の9割を占め、特命は1割ほどという実態です。システム開発の観点では、入札情報の管理、過去の入札実績のデータベース化、入札書類の自動生成などの機能が求められます。

特命

　競争入札を行わずに特定の業者を指定して契約を締結する方式です。公共工事の場合、特定の条件を満たす場合にのみ認められます。

　特命が発生する主なケースは次の通りです。

- 高度な専門性が必要な工事
- 進行中の工事に対する追加変更
- 災害時の緊急工事

　たとえば、大きな橋をかける最中に仕様を一部変更する工事は、官庁の特命に該当します。また、災害時の土木作業などは官庁へ「災害協力をします」と名乗りを上げた業者に特命で依頼されることがあります。

　特命には下表のようなメリットとデメリットがあります。

◆特命のメリットとデメリット

メリット	デメリット
・迅速な対応が可能 ・特殊な技術や経験を持つ業者を選定できる ・手続きが簡素化される	・透明性が低くなる可能性がある ・競争原理が働かないため、コスト高になる可能性がある

　システム開発の観点では、特命理由の管理、特命実績のデータベース化、随意契約理由書の自動生成機能などが求められます。

　次に、民間工事についてです。主な受注方法は「**コンペ**」と「**特命**」の2種類に分けられます。

コンペ

　複数の業者が提案や見積りを提出し、最も優れた提案をした業者が工事を受注する方式です。価格の他、技術力や提案内容も重視されます。

　コンペには下表のようなメリットとデメリットがあります。

メリット	デメリット
・多様なアイデアや提案を得られる ・価格以外の要素も評価できる ・技術力や創造性を発揮する機会がある	・提案作成に時間と労力がかかる ・評価基準が不明瞭な場合がある ・参加者の負担が大きい

　システム開発の観点では、コンペ情報の管理、提案書の作成支援、過去の提案内容のデータベース化などの機能が求められます。

民間工事における特命

　発注者が特定の業者を指名して工事を依頼する方式です。官庁の特命随意契約と類似していますが、法的な制約は少ないです。

　民間工事において特命が発生する主なケースは次の通りです。

- 過去の取引実績がある業者との継続的な関係
- 特殊な技術や設備が必要な工事
- 緊急性の高い工事

　たとえば既存顧客で付き合いが長い相手の場合、過去に工場を建てた経験から再度依頼するなどのように直接指名されることがあります。

　民間工事における特命には、下表のようなメリットとデメリットがあります。

◆特命（民間工事）のメリットとデメリット

メリット	デメリット
・迅速な対応が可能 ・信頼関係に基づく高品質な工事が期待できる ・手続きが簡素化される	・競争原理が働かないため、コスト高になる可能性がある ・新規参入の機会が限られる

　システム開発の観点では顧客との関係性管理、過去の工事実績のデータベース化、緊急対応可能な業者リストの管理などの機能が必要です。

発注者が依頼先建設会社を選定する際のポイント

　発注者の視点から見た建設会社の選定ポイントは、主に5つの要素に集約されます。

①ニーズの理解度

　最も重要な要素として、発注者のニーズを的確に理解できる建設会社であるかどうかが挙げられます。プロジェクトの目的や要件を正確に把握し、発注者の業界や事業に対する深い理解を持っていることが求められます。特に公共工事の場合は、行政の立場や税金を使用する事業であることを念頭に置いた動きが取れるかどうかは重要なポイントです。また、プロジェクト特有の課題やリスクに対する洞察力も、ニーズ理解の重要な指標となります。

②信頼性

　信頼性も重要視されます。建設プロジェクトは多額の費用と長期間にわたる取り組みとなるため、発注者は信頼できる建設会社を選定したいと考えます。信頼性は、財務状況の健全性、過去の実績と評判、法令遵守の姿勢、品質管理体制など、多角的な要素から評価されます。特に公共工事の場合、入札参加資格審査や経営事項審査（経審）などの要件を満たしていることが必須となります。

③類似案件の実績

　類似案件の実績も重要なポイントです。発注者は、自社のプロジェクトと類似した案件の実績を持つ建設会社に対して安心感を覚え、発注のハードルが下がる傾向があります。同規模・同種のプロジェクト経験、同じ地域での施工実績、特殊な技術や工法の適用経験などが、実績として評価されます。民間工事の場合は特に、過去の実績や評判が重要な選定基準となることが多いでしょう。

④技術力・提案力

建設工事に対する技術力と提案力も、もちろん重要です。当然ながら、発注者はより高い技術力を持ち、革新的な提案ができる建設会社への依頼をしたいと考えています。最新技術の導入状況、独自の工法や技術の有無、コスト削減や工期短縮に関する提案能力、環境配慮や安全性向上に関する取り組みなどが、技術力・提案力の判断基準となります。特に予算にシビアな民間工事では、コストパフォーマンスを高める提案力が重要視されます。

⑤価格競争力

価格競争力も重要な要素です。事業がビジネスである以上、発注者は適正な価格で高品質な工事を実現できる建設会社を選びたいと考えます。適正な見積能力、コスト削減の工夫、価格と品質のバランスなどが評価されます。ただし、公共工事と民間工事では価格に対する考え方が異なり、公共工事の場合は透明性や公平性の観点から、原則として競争入札による価格決定が求められる点に注意が必要です。

これらの選定ポイントは、発注者が官庁か民間かという立ち位置によって重視される度合いが変わってきますし、工事の内容や必要とされる専門性によっても変化します。また、発注者との関係性にも注目すべきです。それまでに既に信頼関係を築けている間柄なのか、新規の発注者なのかによっても、重視されるポイントは異なってきます。建設会社はこれらのポイントを的確に見抜き、受注可能性を高めるためのデータベースの活用が求められています。

3-2

営業実務（2）見積管理

見積作成プロセスとそのルール

官庁（公共工事）と民間の見積管理の違い

　建設業界の官庁（公共工事）と民間の見積管理の違いについて、まとめます。システム開発時にどのような点を意識するべきか、求められるシステム像を意識しながら進めていきましょう。

　まず、官庁（公共工事）の見積管理には主に4つの特徴があります。

　1つ目は**最低入札価格制度**です。官庁工事では、採算を無視した低価格での請負によって市場の公平性を損なう恐れのあるダンピングを防止するために最低制限価格制度が導入されています。この制度では、**あらかじめ設定された最低制限価格を下回る入札は失格**となります。

　たとえば、1億円の工事に対して9,100万円を下回る入札は認められません。システム開発の際には、この最低制限価格を考慮した見積作成機能が必要となります。

　2つ目は**積算基準の統一**です。公共工事では、国土交通省や各自治体が定める**積算基準に従って見積りを作成する**必要があります。これらの基準は詳細かつ複雑であり、専用の積算ソフトを使用することが一般的です。そのため、これらの基準に準拠した積算機能が求められます。

　3つ目は**二重の見積り**です。官庁工事では、**入札のための見積り**と**実際のコスト計算のための見積り**の2種類を作成する必要があります。入札用の見積りは最低制限価格を考慮しつつ、競争力のある価格を設定し、一方で実際のコスト計算用の見積りは、赤字を出さないための精緻な計算が求められます。

　4つ目は**透明性の確保**です。公共工事では、見積りプロセスの透明性が重要です。システムには、見積りの根拠や計算過程を明確に示す機能が必要となります。

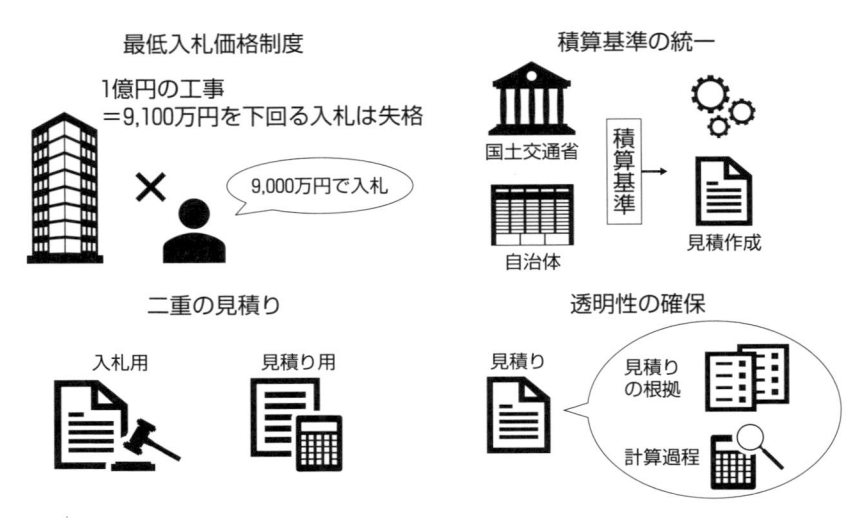

◆官庁（公共工事）の見積管理の4つの特徴

　それに対し、民間の見積管理には次の4つの特徴があります。

　1つ目は**柔軟な価格設定**です。民間工事では、**最低制限価格のような制約がない**ため、より柔軟な価格設定が可能です。システムには、さまざまな価格戦略に対応できる柔軟な見積機能が求められます。

　2つ目は**顧客ごとの仕様対応**です。民間工事では、顧客ごとに異なる仕様や要求に対応する必要があります。**顧客が明確な仕様基準を持っている場合**と、**建設会社が提案から行う場合**があります。そのためシステムには、顧客ごとの要求事項を管理し、それに基づいた見積りを作成する機能が必要となります。

　3つ目は**粗見積りと詳細見積り**です。民間工事では、**初期段階での粗見積り**と、**詳細な仕様が決定した後の詳細見積り**の2段階で見積りを行うのが一般的です。システムには、両方のタイプの見積りに対応できる機能が求められます。

　4つ目は**提案型見積り**です。民間工事では、**顧客のニーズに合わせた提案型**の見積りが重要となります。システムには、技術提案や付加価値を含めた見積りを作成する機能が必要です。

柔軟な価格設定

最低制限など制約がないため
柔軟に価格設定ができる

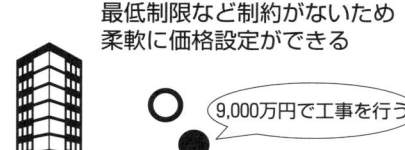

9,000万円で工事を行う

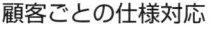

顧客ごとの仕様対応

顧客A　建設会社　提案　顧客B

粗見積りと詳細見積り

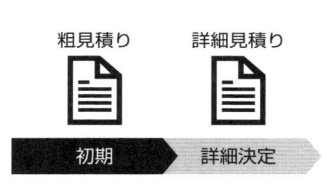

粗見積り　詳細見積り

初期　詳細決定

提案型見積り

技術提案　付加価値

建設会社　提案　顧客

◆民間の見積管理の4つの特徴

　また、官庁・民間の見積管理システムを開発する際には、次のことに注意する必要があります。

　まず、**官庁・民間双方に対応できる柔軟性**を持たせることです。同一システムで官庁・民間両方の見積管理に対応できるよう、切替機能や設定変更機能を実装することが重要となります。

　次に**データベースの設計**です。積算基準、材料単価、労務単価などの**データベースを適切に設計し、定期的な更新を可能にする仕組み**が必要です。特に、官庁工事の積算基準は頻繁に更新されるため、迅速な対応が求められます。

　また、官庁工事の見積情報は機密性が高いため、アクセス制御やデータ暗号化などの**セキュリティ対策**が欠かせません。

　官庁・民間それぞれの業務フローに合わせた**ユーザーインターフェースの最適化**も求められます。特に、粗見積りから詳細見積りへの移行を円滑に行える設計が重要です。

　その他、公共工事の入札に関する**法令や規制に準拠したシステム設計**も必要となります。最低制限価格制度や総合評価方式などの入札制度に

対応できる機能も含めて開発時に検討しましょう。

　官庁では最低入札価格制度や統一基準があり、透明性が重視されます。一方、民間では柔軟な価格設定と顧客対応が特徴です。システム開発の際は、両者の特徴を意識した開発が必要になります。

見積作成のプロセスとルール

　効果的な見積管理システムを開発する上で、見積作成のプロセスとルールを理解することは非常に重要です。ここでは公共工事と民間工事それぞれの見積作成プロセスと使用ツールを説明します。

　公共工事の見積作成プロセスは、以下の6つのステップからなります。

STEP1：設計図書の確認

　発注者から提供される設計図書（図面、仕様書、数量表など）を詳細に確認します。

STEP2：積算

　国土交通省や各自治体が定める積算基準に従って、材料費、労務費、経費などを算出します。この際、専用の積算ソフトを使用することが一般的です。

STEP3：最低制限価格の推定

　公表された過去の入札結果を参考に、最低制限価格を推定します。

STEP4：見積書の作成

　積算結果を基に、最低制限価格を考慮しつつ競争力のある価格で見積書を作成します。

STEP5：内部チェック

　作成した見積書の内容を社内で確認し、必要に応じて修正します。

STEP6：提出

　最終的な見積書を入札時に提出します。

　これに対して、民間工事の見積作成プロセスは、以下の7つのステップから成ります。

STEP1：顧客要望の確認

　顧客との打ち合わせを通じ、工事の要望や条件を詳細に確認します。

STEP2：粗見積りの作成

　概略的な見積りを作成し、顧客に提示します。ここでは、過去の実績などを参考に概算を算出することが多いです。

STEP3：仕様の詳細化

　顧客との協議を経て、工事の仕様を詳細化します。

STEP4：詳細見積りの作成

　詳細化された仕様に基づき、より精緻な見積りを作成します。ここで積算ソフトを使用することもあります。

STEP5：見積書の作成

　詳細な積算結果を基に見積書を作成します。

STEP6：内部チェック

　作成した見積書の内容を社内でチェックし、必要に応じて修正を行います。

STEP7：提出と交渉

　見積書を顧客に提出し適宜価格交渉を行います。

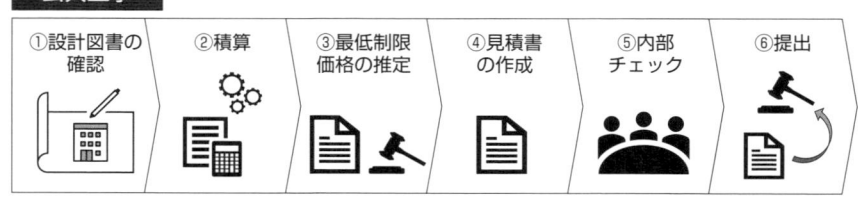

◆公共工事と民間工事2つの見積りプロセス

　見積り時には、公共工事と民間工事のそれぞれのプロセスで、専用の積算ソフトが使われます。この積算ソフトによって、積算基準に合わせ材料費などを算出したり、詳細見積りの作成に役立てたりすることができます。専用の積算ソフトには、主に次のような特徴や機能があります。

　まず、**データベース機能**です。材料単価、労務単価、歩掛かりなどのデータベースを内蔵し、定期的に更新される機能があります。次に**数量拾い出し機能**です。これまで紙の図面から手作業で行い、工数がかさんでいた拾い出し作業ですが、取り込んだ図面から自動的に数量を拾い出す機能により効率化され、重宝されています。

　名前にも付いている**積算機能**は、各種積算基準に基づいて、自動的に工事費を算出する機能となります。また、この積算結果を基に所定の形式で見積書を自動生成する**見積書作成機能**もあります。その他、**データ連携機能**です。CADソフトウェアや原価管理システムなど、他のシステムとのデータ連携機能を持つものもあります。

　これらの積算ソフトにある機能を取り入れ、システム開発を行う際には、次のことに注意する必要があります。

　まず、**公共工事と民間工事の両方に対応できる柔軟な設計**が必要です。

特に、粗見積りから詳細見積りへの移行をスムーズに行える機能が重要となります。積算に必要な各種データを**定期的に更新できる仕組み**も重要です。特に、公共工事の積算基準は頻繁に更新されるため、迅速な対応が求められます。

また、積算の経験が浅い担当者でも**使いやすいインターフェースの設計**や企業独自の積算ルール、見積書フォーマットに対応できる**カスタマイズ機能**が必要です。見積情報の機密性を保護するための適切な**セキュリティ機能**の実装も不可欠です。

その他、見積りの**変更履歴を管理**し追跡可能にする機能や、見積りの傾向分析や原価比較などを行える**レポート機能**の実装が有用となります。

このように公共工事と民間工事で見積りプロセスは異なります。特に公共工事で一般的に使用される積算ソフトの役割を分析し、新システムへの移行時に現場で使いやすい仕様を検討することが重要です。

入札方式の違いと見積りへの影響

入札方式の違いは見積作成時に大きな影響を与えます。主な入札方式が見積りに与える影響、システム開発時の注意点を表としてまとめます。

◆入札方式ごとの見積りに与える影響の違い

種　類	重視点	見積りへの影響	システム開発時のポイント
一般競争入札（価格のみ）	・コスト削減 ・利益率の最適化	できるだけ価格を抑えた見積書作成ができるよう、コストの徹底的な見直しが必要	コスト分析機能、最低制限価格を考慮した価格設定支援機能が重要
指名競争入札	・他の指名業者との競争力 ・発注者との関係性維持	指名される可能性を高めるため、過去の実績や信頼関係を考慮した見積りが重要	発注者ごとの過去の受注実績管理機能、関係性管理機能が有用
総合評価落札方式	・価格と技術提案のバランス ・技術力や実績のアピール	技術提案に関するコストも考慮しつつ、総合的に評価されるような見積りが必要	技術評価点の算出支援機能、過去の実績データベース連携機能が求められる
プロポーザル方式	・技術提案の質 ・独自性や創造性	技術提案の内容に応じた適切な価格設定が必要	技術提案書作成支援機能、過去の提案内容データベース機能が重要

価格で競う一般競争入札に対して、価格以外の面で評価を争う入札方式として代表的なものが「**総合評価落札方式**」です。ここでは、総合評価落札方式の技術評価と実績の重要性を掘り下げて整理してみます。

①技術評価の重要性

- 工事の品質向上や工期短縮、コスト削減などに関する技術提案が評価される
- 環境への配慮や安全対策なども評価対象となる

②実績の重要性

- 過去の同種・類似工事の実績が評価される
- 工事の規模や難易度、成績評定なども考慮される

③見積りへの影響

- 技術提案や実績をアピールするための追加コストを見積りに反映する必要がある
- 技術評価点と価格のバランスを考慮した最適な見積金額の設定が求められる

　これらを踏まえて、エンジニアがシステム開発に臨む際の注意点をまとめると次のようになります。

　まず、さまざまな入札方式に対応できるよう、**機能を柔軟に切り替えられる設計**が必要です。過去の入札結果、技術提案内容、工事実績などを管理する**データベースの構築**や**入札方式ごとの傾向分析**、**最適な見積金額の算出**を支援する機能も重要となります。

　また、総合評価落札方式やプロポーザル方式に対応した、**技術提案書作成支援機能の実装**が望まれます。過去の成功事例や新技術情報のデータベースと連携し、効果的な提案を支援できると効果的です。さまざまな条件下での落札確率や利益率をシミュレートできる機能も役立ちます。特に、総合評価落札方式において、**価格と技術評価点のバランスを最適**

化するためのシミュレーションが重要です。

　各入札方式に関する**法令や規則に準拠したシステム設計**も欠かせません。特に、最低制限価格制度や総合評価落札方式の評価基準など、常に最新の規定に対応できる柔軟性が求められます。

実務上の注意点と課題

　見積課題管理の実務上の注意点を洗い出します。これらを把握することで、より現場のニーズに沿ったシステム開発を実現できます。

見積時の想定コストと実際のコストの乖離

　見積時に想定したコストと、実際の工事で発生したコストとの間に乖離が生じることがあります。この乖離は、工事の採算性に大きな影響を与え、最悪の場合、赤字工事につながる可能性があります。

　乖離が生じる要因として、主に4つの要因が挙げられます。第一に、鋼材や木材などの材料費の急激な高騰や人手不足による労務費の上昇といった市場の変動です。第二に、地中障害物の発見や想定外の地盤状況など、工事中に発生する予期せぬトラブルや、それに伴う追加作業の発生があります。第三に、図面上では把握できない現場特有の条件や制約が工事開始後に判明し、当初の見積時の想定と実際の施工条件が大きく異なることです。そして第四に、見積り担当者の経験不足や状況判断の誤り、チェック体制の不備といったヒューマンエラーによる見積り精度の低下です。

　これらを解決するために、次のような機能を実装する必要があります。

①過去の工事データの分析機能

　過去の類似工事における見積りと実際のコストの比較分析機能を実装し、より精度の高い見積りを支援します。

②リアルタイムコスト管理機能

　工事進行中のコストを随時入力・管理し、見積りとの乖離をリアルタ

イムで把握する機能を実装します。

③リスク管理機能

想定されるリスクと対応コストを見積りに反映する機能を実装します。

仕様変更への対応

工事の進行中に、顧客の要望や現場の状況により仕様変更が発生することがあります。これらの変更に迅速かつ適切に対応し、見積りに反映させることが重要です。

仕様変更に対応する際には、まず変更箇所がどこまで影響するのかを特定し、工程全体への波及効果を見極める必要があります。その上で、追加工事や材料の変更に伴う追加コストを正確に算出します。算出したコストは顧客に対して明確な根拠とともに説明を行い、十分な協議のもとで合意を形成することが求められます。また、将来の参考とするため、変更内容や交渉経緯などの履歴を確実に記録し、管理していくことも重要です。

これらを実現するために、システムには次のような機能を実装します。

①変更管理機能

仕様変更の内容や影響範囲、追加コストを管理し、見積りに反映させる機能を実装します。

②シミュレーション機能

仕様変更による影響をシミュレートし、複数のシナリオを比較検討できる機能を実装します。

外部要因による影響

大きな金額が動く建設業界では、資材価格や人件費、為替の影響など外部要因の影響を無視できません。外部要因には、材料価格の変動（鋼材、木材、セメントなど）、為替レートの変動、労務単価の変動、法規

制の変更、天候や自然災害などが挙げられます。これらの要因が見積り
に与える影響を適切に考慮する必要があります。

　システム開発の際は以下のポイントを意識すると、より現場のニーズ
を満たすことができるでしょう。

①外部データ連携機能

　材料価格や為替レートなどの外部データをリアルタイムで取り込み、
見積りに反映させる機能を実装します。

②アラート機能

　重要な外部要因の変動を検知して通知するアラート機能を実装します。

営業部門と積算部門の連携

　営業部門が顧客のニーズを把握し、積算部門がそれを正確に見積りに
反映させる連携をいかにスムーズに実現するかが肝要です。

　しかし、両部門間のコミュニケーション不足や認識の齟齬により、適
切な見積りが作成されないことがあります。円滑なコミュニケーション
の手助けもシステムに求められる役割のひとつです。

　システム開発時に以下のポイントを意識することで、より円滑なコミ
ュニケーションをアシストするシステムの実現が見込めます。

①情報共有プラットフォーム

　営業／積算部門が円滑に情報共有するプラットフォームを構築します。

②コミュニケーション機能

　システム内でのチャットやコメント機能を実装し、リアルタイムでの
コミュニケーションを促進します。

　見積管理の実務には多くの注意点と課題があります。特に、見積段階
と工事段階のコストの差異や外的要因の影響による予期せぬコスト変動

などに対応するため、リアルタイムでの建設関連情勢の監視とその情報の反映機能や、柔軟な書類情報の変更機能、変更した書類のリビジョン管理機能、変更をプロジェクト全体に周知するコミュニケーション機能など、現場のニーズをしっかりと拾ったシステム開発が求められます。

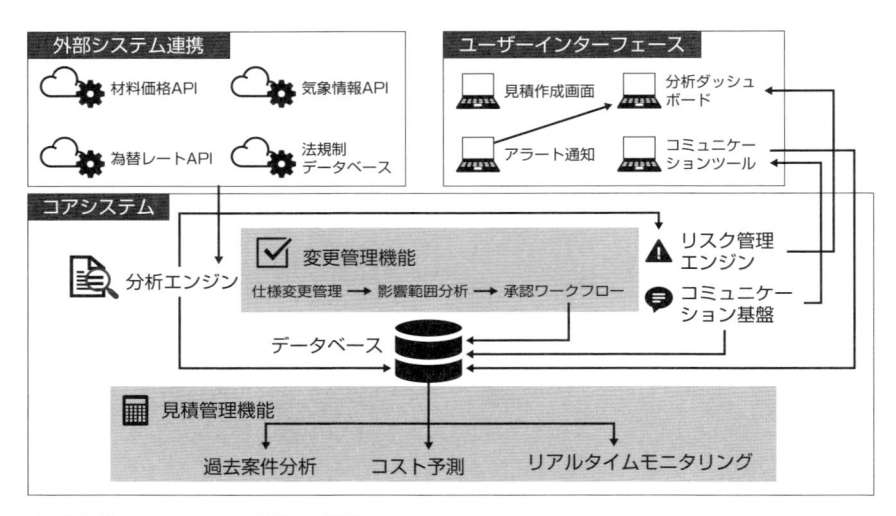

◆見積管理システムの機能の概要

3-3 営業実務（3）受注管理
公共工事と民間工事の受注管理プロセスの最適化

官庁（公共工事）の受注管理プロセス

　建設業界のDX化が加速する中、さまざまな書類が往来する受注管理業務こそ、システム化による作業効率化の恩恵が最も感じられる部分といえるのではないでしょうか。本節では、官庁（公共工事）と民間工事それぞれの受注管理プロセス、また受注後の内部プロセスとシステム連携、受注管理における課題と解決策について解説します。

　官庁（公共工事）の主な受注管理プロセスは次の通りです。

STEP1：入札参加
　各自治体や国の入札システムに登録し、参加します。

STEP2：落札通知
　落札した場合、通常は電話で連絡があります。

STEP3：結果公表
　総合評価方式の場合、約1週間で結果が出されます。

STEP4：契約締結
　多くの場合、紙媒体で契約書のやり取りを行います。

STEP5：外部システム（自治体や国）への登録
　各自治体や国の契約システムに必要情報を登録します。

67

◆官庁（公共工事）の受注管理プロセス

　公共工事の入札・契約に関しては、「公共工事の入札及び契約の適正化の促進に関する法律」（入契法）に基づいて行われます。この法律は、公共工事の入札・契約の適正化を図り、公共工事の質の確保と建設業の健全な発達を目的としています。

　官庁（公共工事）の受注管理システム開発をする際のポイントは下表の通りです。

◆官庁（公共工事）の受注管理システム開発におけるポイント

ポイント	説　明
外部システムとの連携	・各自治体や国の機関が独自の入札システムや契約システムを持っているため、これらの外部システムとの連携が必要 ・APIが提供されていない場合も多いため、データの手動入力や取り込みの自動化が課題
実行予算の管理	・受注が確定したら、工事担当者が中心となって実行予算を作成する ・実行予算は社内で承認されるプロセスを経るため、承認フローのシステム化が重要
見積りの精緻化	・入札時の見積りと実行予算作成時の見積りの精度が異なる ・荒い見積りから精緻な見積りへの移行をスムーズに行える機能が求められる
書類管理	・公共工事では多くの書類が必要 ・これらの書類を効率的に管理し、必要に応じて速やかに取り出せるドキュメント管理システムの構築が重要

　公共工事の受注管理においては、透明性と公平性を確保する意識が重要です。システム開発でもこの点に留意し、すべてのプロセスが適切に記録され、必要に応じて監査可能な構成を維持することが求められます。

▌民間工事の受注管理プロセス

　民間工事の受注管理プロセスは、官庁（公共工事）と比べてより柔軟性があります。主な流れは次の通りです。

STEP1：コンペ参加

多くの場合コンペ方式で受注企業が決定されます。

STEP2：受注決定通知

発注者から受注決定の連絡を受けます。

STEP3：契約書作成

発注者が準備する場合と、受注者（建設会社）が作成する場合があります。

STEP4：契約内容の協議

必要に応じて契約内容について協議します。

STEP5：契約締結

合意された内容で契約を締結します。

◆民間工事の受注管理プロセス

　民間工事の契約書作成において、多くの建設会社が参照しているのが「**民間（七会）連合協定工事請負契約約款**」です。これは、日本建築学会を含む7つの建築関連団体が共同で策定した標準的な契約約款です。システム開発者には、**この約款の概要を理解し、契約書作成支援機能を実装する際の参考にすること**が望まれます。民間工事の受注管理において、重要なポイントをまとめると次の4つとなります。

ポイント	説　明
契約書の柔軟な作成	• 民間工事では契約内容に柔軟性があるため、システムはさまざまな契約条件に対応できる必要がある • 瑕疵担保責任の期間や範囲、支払条件などは案件ごとに異なる可能性が高い
取り下げ条件（支払条件）の管理	• 大規模な建設工事では、工事の進捗に応じた段階的な支払いが一般的 • システムは複雑な支払いスケジュールを管理し、キャッシュフローの予測に活用できる機能が求められる
VE（バリューエンジニアリング）提案の管理	• VE提案は品質を維持しながらコストを削減する重要な手法 • システムにはVE提案の内容、承認状況、実施結果などを記録し、適宜参照できる構造が望まれる
実行予算の作成と承認	• 受注後は工事担当者が中心となって実行予算を作成する • システムは予算作成のサポート、承認フローの管理、承認済み予算の記録と追跡ができる必要

　民間工事の受注管理では、顧客との関係性や過去の取引履歴が重要になることがあります。そのため、顧客情報DBを管理し連携する機能の実装も、建設業の現場で役立つと考えられます。

受注後の内部プロセスとシステム連携

　受注が確定した後の内部プロセスは、官庁（公共工事）と民間工事で共通する部分も少なくありません。その主な流れは次の通りです。

STEP1：案件管理システムへの登録

　受注した案件の基本情報（工事名、金額、工期、担当者など）を案件管理システムに登録します。

STEP2：受注管理システムへの登録

　受注金額、利益率、支払条件などの財務的な情報を受注管理システムに登録します。

STEP3：実行予算の作成

　工事担当者が中心となって、詳細な実行予算を作成します。

STEP4：社内承認プロセス

作成した実行予算は通常複数の承認者による確認を経て承認されます。

STEP5：発注調書の作成

承認された実行予算を基に、協力会社への発注調書を作成します。

STEP6：購買プロセスの開始

発注調書に基づいて、実際の購買プロセスが開始されます。

この流れを踏まえ、システム開発時に検討すべき点は、まず**システム間連携**です。案件管理システム、受注管理システム、実行予算管理システム、購買管理システムなど、複数のシステムが関与するため、システム間でのスムーズなデータ連携が不可欠です。また新規顧客の場合、顧客コードの取得や顧客情報の登録が必要になります。顧客管理（CRM）システムとの連携も考慮すべきです。

承認フローの管理についても検討しましょう。実行予算の承認プロセスは会社により異なります。そのため、柔軟に承認フローを設定・変更できる機能が求められます。

他にも、バージョン管理やセキュリティ管理も考慮する必要があります。実行予算は工事の進行に伴い変更されることがあります。過去のバージョンを含めた予算のバージョン管理機能が必要です。また、受注情報や実行予算には機密性の高い情報が含まれるため、適切なアクセス制御とログ管理が求められます。

受注後の内部プロセスは、その後の工事管理や原価管理の基礎となる重要な段階です。そのため、システムは正確かつ詳細なデータを蓄積し、後続のプロセスで活用できるよう設計する必要があります。

受注管理における課題と解決策

受注管理業務には、多くの企業で共通する課題があります。ここでは主な課題と、システム開発の観点からの解決策を提示します。

情報の分散管理

受注情報が紙やExcelファイルなど、複数の媒体や場所に分散して管理されている状況が見られます。この状況を解決するには、**クラウドベースの統合受注管理システムを導入し、すべての関連情報を一元管理すること**が有効です。さらに、APIを活用して既存システムとの連携を図ることで、データの重複入力を防ぐことができます。

部門間のコミュニケーション不足

営業部門、工事部門、購買部門など、異なる部門間での情報共有が不十分になりがちです。この問題を解決するため、**プロジェクト管理ツールを導入し、各部門が必要な情報へリアルタイムにアクセスできる環境を整備します**。また、**重要なイベントや変更が発生した際の自動通知機能を実装すること**で、確実な情報伝達を実現します。

プロセスの不透明性

受注から実行予算承認、発注までのプロセスが不透明で、進捗状況の把握が困難になることがあります。これに対しては**ワークフロー管理機能を実装**し、各ステップの進捗状況を可視化します。さらに、**ダッシュボード機能を提供する**ことで、管理者が全体の状況を把握しやすい環境を整えます。

変更管理の困難さ

契約内容や実行予算の変更が頻繁に発生し、その管理が煩雑になることが課題となっています。これを解決するため、**変更履歴を自動的に記録し、各バージョンを比較できる機能を実装します**。また、**変更に伴う工期や利益率への影響を自動計算する機能も導入する**ことで、変更管理の効率化を図ります。

コンプライアンスリスク

特に公共工事において、法令遵守や適切な文書管理が要求されますが、

その管理が困難な状況が見られます。この課題に対しては、**法令要件をシステムに組み込み、必要な文書の自動生成や保管期間の管理、アクセスログの記録などの機能を実装すること**で対応します。

データの活用不足

　蓄積された受注データが十分に分析・活用されていない状況が見られます。この課題を解決するため**ビジネスインテリジェンス（BI）ツールとの連携を図り、受注傾向の分析や予測、利益率の可視化を実現します。**さらに機械学習を活用した受注確率の予測なども検討に値します。

　これらの課題に対処するシステム開発では、**建設業の現状の業務フローを十分に理解し、使いやすいインターフェースを設計すること**が重要です。また、段階的な導入を可能にするモジュール設計や将来の拡張性を考慮した仕様も検討すべきです。

　受注管理は建設業における重要なプロセスであり、その効率化と高度化は企業の競争力向上に直結します。官庁（公共工事）と民間工事で違いはありますが、いずれも複雑で多岐にわたる業務フローを含みます。

　システム開発の際は、これらの業務フローをしっかりと理解し、各プロセスの特性に合わせたシステム設計を行う必要があります。特に、外部システムとの連携、複雑な承認フローの管理、変更管理、コンプライアンス対応などが重要なポイントとなります。

　また、受注管理システムは案件管理、予算管理、購買管理、工程管理など、他の業務システムとの緊密な連携が必要です。そのため、システム間の円滑なデータ連携と全体を通じた情報管理が求められます。

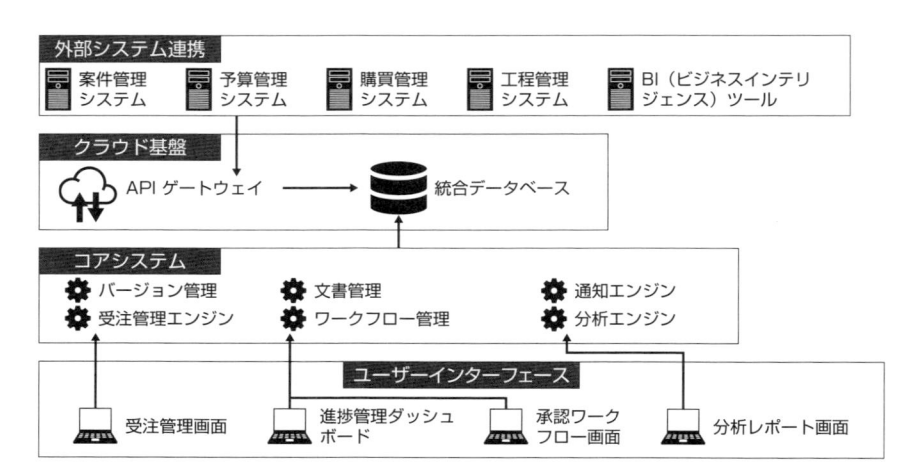

◆受注管理システムのアーキテクチャの概要

3-4 購買管理

透明性と追跡性を高める購買管理システム

購買管理の基本プロセス

　続いて、購買管理の基本プロセス、効率化のポイント、そして検収プロセスとトラブル対応について解説します。

　購買管理は、建設プロジェクトの成功に不可欠な要素です。官庁（公共工事）と民間工事の区別なく、共通のプロセスで行われます。基本的な流れは次の通りです。

STEP1：受注契約締結

　プロジェクトの正式な開始点です。

STEP2：発注計画立案

　必要な資材・サービスの洗い出しと調達スケジュールを作成します。

STEP3：協力会社選定

　過去の実績や信頼性を考慮して選定します。

STEP4：見積依頼・交渉

　複数の協力会社から見積りを取得し、最適な条件を交渉します。

STEP5：発注書作成

　正式な発注内容を文書化します。

STEP6：契約締結

　法的拘束力のある合意を形成します。

STEP7：発注実行

実際の発注手続きを行います。

STEP8：納品・検収

納入された資材やサービスの確認と品質チェックを行います。

STEP9：支払処理

合意された条件に基づく代金を支払います。

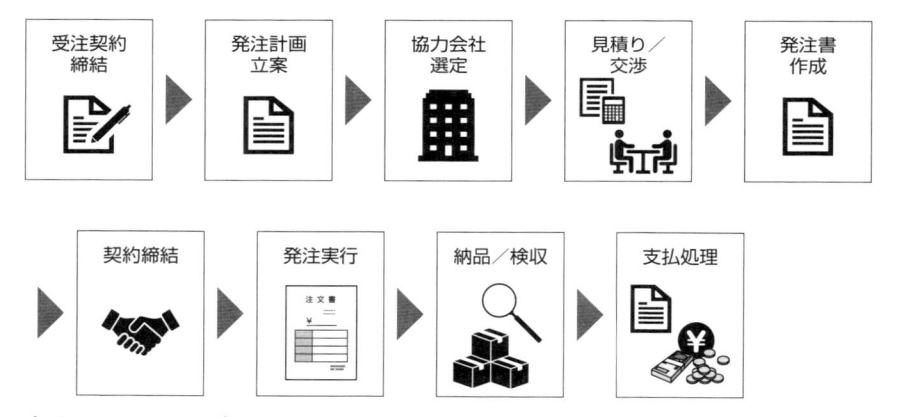

◆購買管理の基本プロセス

　この一連のプロセスにおいて、購買部が主導するパターンと所長が主導するパターンがあります。それぞれに次ページの表のような特徴があります。

◆購買部主導パターンと所長主導パターンの比較

パターン	メリット	デメリット
購買部主導	・スケールメリットによるコスト削減 ・全社的なデータに基づく交渉力の向上 ・標準化された購買プロセスの実現 ・専門知識の集約	・現場のニーズとのミスマッチの可能性 ・決定までの時間が長くなる可能性 ・現場との意思疎通の困難
所長主導	・現場のニーズに即した迅速な意思決定 ・協力会社との直接的な関係構築 ・現場状況に応じた柔軟な対応 ・地域特性の反映	・全社的な最適化が難しい ・個人の経験や判断に依存する傾向 ・購買専門知識の不足

　これらを踏まえて、システム開発の際は次の点に注意が必要です。

　まず、購買部と所長の権限を適切に設定し、システム上で管理できるようにします。これには、金額に応じた承認フローや、緊急時の特別権限なども含めます。両方に対応できる柔軟なワークフロー設計も必要です。状況に応じて購買部主導と所長主導を切り替える仕組みを実装しましょう。

　また、購買部のデータベースと現場の情報を効果的に連携させる仕組みを構築する必要があります。リアルタイムでのデータ更新と双方向のコミュニケーションツールの実装が求められます。

　購買部と所長、それぞれの視点に立った使いやすいインターフェースの設計も必要です。モバイル対応も考慮し、現場からの即時入力を可能にする機能を備えられると良いでしょう。

　他にも、過去の購買データを分析し、最適な調達戦略を提案する機能が求められるため、AI技術の活用も検討すると良いです。セキュリティ面にも注意が必要です。取引先情報や価格データなど、機密性の高い情報を適切に保護する仕組みが欠かせません。

　発注方法には、主に**請負契約**と**単価契約**の2種類があります。現場では請負契約の比率が高いといわれています。それぞれの特徴を見ていきましょう。

①請負契約

　特定の作業や成果物に対し一括で金額を決める契約方式です。　発生

する工種工事に対して価格を設定し、人材などのコストをどの程度かけ業務をまっとうするかは請負事業者の采配に任せます。

　請負契約には、リスクと責任が明確、工期や品質の管理がしやすいという特徴があります。そのため、システムを開発する際には工事の進捗管理とコミュニケーション機能が重要になります。

②単価契約

　労働力や材料の単価を決め、実際の使用量に応じて金額を決める契約方式です。詳細なコスト管理が可能になります。

　単価契約には、柔軟な対応が可能、実績に応じた正確な支払いという特徴があります。そのため、システムを開発する際には詳細なコスト管理機能が重要になります。

　システム開発においては、これら両方の契約形態に対応できる柔軟性が求められます。特に、**契約形態の違いによる支払条件や進捗管理の差異を適切に処理できる設計**がポイントになります。また、契約形態の選択を支援する機能（プロジェクトの特性に基づいて最適な契約形態を提案するなど）も有用でしょう。

購買管理における効率化のポイント

　購買管理の効率化は、建設プロジェクト全体のコスト削減と品質向上に直結します。ここでは、システム開発の観点から重要な効率化のポイントを解説します。

一括購入によるコスト削減

　複数のプロジェクトで使用する資材や機材を一括購入することで、スケールメリットを活かしたコスト削減が可能です。

　システム開発では、まず**複数プロジェクトの資材需要を集計する機能**が必要となります。各プロジェクトの需要予測を統合し、最適な発注量を算出します。価格変動や納期を考慮し、最も有利な発注タイミングを

AIが提示する機能も有用です。また、取引先ごとの割引条件をデータベース化し、発注量に応じて自動適用する機能や、複数のサプライヤーの情報を一元管理し、最適な選択を支援する機能も重要になります。

データ活用による交渉力の向上

過去の取引データや市場価格の情報を活用することで、より有利な条件での交渉が可能になります。

システム開発では、**過去の取引データを蓄積し、傾向を分析したり価格変動があった場合にはアラートを発したりする機能**や、外部データソースと連携して**市場価格情報を自動取得し、比較したり価格変動があった場合にはアラートを発したりする機能**などが求められます。

また、AIを活用した価格予測と交渉戦略の提案を行う機能や交渉プロセスの記録と分析、共有を行う交渉履歴管理機能も、交渉力の向上に寄与します。

コストブックの活用

多くの建設会社では、工種ごとの標準単価を定めた「コストブック」を使用しています。このコストブックをより有効活用するために、システム開発では**コストブックのデジタル化と定期的な更新機能**が必要です。自動更新アラートや承認フローも備えます。

また、**実際の発注価格とコストブックを比較分析したり、地域係数の自動適用や季節変動を考慮した価格変動を反映する機能**、プロジェクト特性に応じたコストブックのカスタマイズ機能も有用です。

早期調達計画の立案

資材価格の変動を予測し、早期に調達計画を立てることで、コスト削減と安定供給を実現できます。

システム開発においては、**資材価格の推移予測機能**や最適な発注タイミングの提案機能、長期的な調達計画の立案支援機能などが有用となります。これらの機能によって、機械学習を活用した価格トレンド分析や、

リスクと機会のバランスを考慮した提案、またプロジェクトのライフサイクル全体を考慮した計画立案ができるようになります。

協力会社の分散管理

特定の協力会社への過度な依存を避けるため、複数の協力会社との取引バランスを管理することが重要です。

システム開発では、取引量、品質、納期遵守率など多角的な評価が行えるよう、協力会社ごとの発注実績管理機能が必要となります。グラフや図表を用いて直感的に表示できるよう**取引バランスの可視化機能**や、審査プロセスをワークフロー化したり、評価基準を標準化したりできるように**新規協力会社の評価・登録機能**も、協力会社の分散管理に有用な機能となります。また、協力会社の財務状況のモニタリング、代替サプライヤーの提案ができる**リスク管理機能**も求められます。

実行予算と発注実績の比較分析

当初の実行予算と実際の発注実績を比較分析することで、コスト管理の精度向上につながります。

システム開発では、実行予算と発注実績の差異が即時に把握できるよう**実行予算と発注実績のリアルタイム比較機能**や、**差異の自動分析と警告機能**などが必要となります。実績に基づく予算の自動調整案を生成できる**予算修正提案機能**、差異が生じた要因を特定し、対策を提案する原因分析ツールもコスト管理の精度向上に寄与します。

調達計画の柔軟な期間設定

年度単位だけでなく、半年や1年先の受注見込みも考慮した調達計画の立案が重要です。

そのため、システム開発では短期・中期・長期の計画を統合管理できる**計画立案機能**や、状況変化に応じて迅速に計画を修正・更新する機能などが求められます。

また、営業データと連携し、**受注見込みを考慮した需要を予測する機**

能や、さまざまな条件下での調達計画のシミュレーションと比較を行う機能も調達計画の立案において有用となります。

　これらの効率化ポイントを適切にシステムに組み込むことで、購買管理プロセス全体の最適化と建設プロジェクトの収益性向上に貢献することができます。さらに、これらの機能を統合しダッシュボード形式で全体像を把握できるようにすることで、経営層の意思決定支援にも活用できるでしょう。

検収プロセスとトラブル対応

　検収プロセスは、購買管理の最終段階であり、品質管理と原価管理の両面で重要な役割を果たします。ここでは、検収プロセスの基本的な流れとトラブル対応について考えてみます。

　検収プロセスの基本的な流れは次の通りです。

STEP1：納品物の受け取り

　現場で納品された品物を受領します。

STEP2：数量確認

　発注数量と納品数量を照合します。

STEP3：品質チェック

　仕様書との整合性確認、不良品のチェックを行います。

STEP4：検収書の作成

　検収結果を文書化します。

STEP5：システムへの入力

　検収結果をデジタル化します。

STEP6：支払処理の開始

　検収結果に基づく支払いを始めます。

　検収プロセス効率化のためのシステム開発では、バーコードやRFIDを活用したデジタル技術の導入が不可欠です。これにより、発注情報と納品情報の自動照合や、タブレット端末を用いた現場での品質チェックがリアルタイムで可能となります。また、検収結果を即座に関連部門へ通知し、それに基づく支払いスケジュールを自動生成する機能も重要です。さらに、品質問題や不具合の発生時には、その記録から是正措置までを一元管理し、サプライヤーの性能評価や品質傾向の分析にも活用できるシステムを構築することで、より効率的な検収プロセスが実現できます。

トラブル対応のケーススタディ

　建設現場ではさまざまなトラブルが発生します。いくつかの例を挙げながら、その対応方法を考えてみましょう。

ケース１　納品物の不具合

　壁の施工業者が誤って電気工事業者の設置したケーブルを切断してしまいました。その場合の対応フローは、以下のようになります。

　STEP1：所長が状況を確認し、修理の必要性を判断する
　STEP2：電気工事業者に修理を依頼し追加費用（例：30万円）が発生する
　STEP3：建設会社がいったん、電気工事業者に修理費用を支払う
　STEP4：壁の施工業者への支払時に修理費用を相殺する（赤伝処理）

　トラブル発生時のシステム対応では、現場からのリアルタイムな報告を即座に記録し、対応の進捗を適切に管理できる仕組みが必要です。また、追加費用が発生した場合には、その金額を適切に計上し、原因者へ

自動的に費用を割り当てる機能も重要となります。さらに、赤伝処理（相殺）については、正確かつ迅速な財務処理を行うため、会計システムと連携した自動計算の仕組みを実装します。加えて、類似のトラブルを未然に防ぎ、品質向上を図るため、是正措置と再発防止策を体系的に管理・追跡できる機能を備えることで、より効果的なトラブル対応が可能となります。

対応フローのSTEP4にある「赤伝処理」とは、**支払予定額から一定の金額を差し引いて支払う処理のこと**です。建設業では、協力会社の作業ミスによる追加費用などを相殺する際によく使用されます。この赤伝処理のシステム設計においては、処理の透明性確保が最重要となります。そのため、赤伝処理を行う理由と金額を明確に記録し、後の分析にも活用できる仕組みを整備します。また、トラブルを未然に防ぐため、協力会社との円滑なコミュニケーションを支援し、相殺処理に関する合意確認プロセスを確実に実施できる機能を組み込みます。さらに、赤伝処理の履歴を体系的に管理・分析することで品質管理の改善につなげるとともに、建設業法などの関連法規に基づくガイドラインの遵守状況を自動的にチェックし、不当な相殺を防止する仕組みも備えることが重要です。

ケース２　納期遅延

資材納入業者が納期を守れず工程に遅れが生じる可能性が出てきました。その場合の対応フローは、以下のようになります。

STEP1：所長が納入業者に状況確認と対策を要求する
STEP2：代替案（他の業者からの緊急調達など）を検討する
STEP3：工程への影響を最小限に抑えるための調整を行う
STEP4：必要に応じて、遅延によるペナルティを適用する

納期遅延に対するシステム対応では、予定納期の事前通知や遅延の早期検知を行うアラート機能を基盤として整備します。緊急時には代替調達先の即時検索・比較機能により、迅速な対応が可能となります。また、

遅延が発生した場合の影響を最小限に抑えるため、工程調整のシミュレーション機能を実装し、最適な対応策を導き出せるようにします。さらに、契約管理システムと連携したペナルティ計算機能により、公平かつ適切な処理を実現するとともに、納期遵守率などの実績データをサプライヤー評価システムに反映させることで、より信頼性の高い調達管理を実現します。

　検収プロセスとトラブル対応において、所長と購買部の連携は非常に重要です。システムは、この連携をスムーズにサポートする必要があります。効果的な連携を実現するシステムには、現場と本社間でのリアルタイムな情報共有を可能にするプラットフォームの実現が効果的です。また、責任の所在を明確にし、迅速な意思決定を実現するため、それぞれの役割に応じた権限設定と承認フローを整備します。

　現場からの報告と対応をスムーズに行うためのモバイル対応も重要です。さらにAIを活用して過去の事例から学習することで、問題の早期検知と最適な解決策の提案を可能にします。加えて、重大な問題が発生した際には、適切な上位者へ自動的にエスカレーションする報告機能を備えることで、より確実な問題解決につなげることができます。

　購買管理は建設プロジェクトのスムーズな取り掛かりとプロジェクトの成功に直結する重要な業務です。効率的な購買管理システムの開発には、建設業界特有のプロセスや課題を深く理解する必要があります。

第4章

営業実務と工事管理システム

営業実務における システム

営業実務を効率化し情報共有・戦略立案を支援するシステム作り

デジタルツール導入による営業効率化

営業プロセスにおいて、デジタルツールの導入は効率化と生産性向上に大きく貢献します。特に注目すべきは、**CRM（Customer Relationship Management：顧客管理システム）とSFA（Sales Force Automation：営業支援システム）の活用**です。それぞれの詳細を見ていきます。

CRM（顧客管理システム）

CRMとは顧客情報を一元管理し、顧客との関係性を強化するためのシステムです。建設業界では、官庁（公共工事）と民間企業の両方を顧客として持つことが多いため、それぞれの特性に応じた情報管理が求められます。CRMに実装すべき主な機能は次の通りです。

- **顧客基本情報管理**：連絡先、過去の取引履歴、予算規模など
- **案件管理**：進行中の案件や過去の案件の詳細情報
- **コミュニケーション履歴**：メール、電話、面談などの記録
- **スケジュール管理**：営業活動の予定管理
- **文書管理**：見積書、契約書などの関連文書の保管

システム開発の際は、官庁と民間企業で異なる情報項目や管理方法に対応できる柔軟性が重要です。長期の建設プロジェクトでは、途中で担当者や仕様が変更されることも多いため、情報の追跡性と一貫性を確保する必要があります。また、官庁案件では**「コリンズ」と呼ばれる工事実績情報システムとの連携**が必要になる場合があります。

SFA（営業支援システム）

一方SFAは、営業活動のプロセスを自動化し、効率化するためのシステムです。建設業界向けのSFAでは、次の機能が特に重要となります。

- **案件管理**：入札情報、コンペ情報の管理
- **見積作成支援**：過去の実績データを活用した見積作成
- **営業プロセス管理**：案件の進捗状況の可視化
- **予実管理**：予算と実績の比較分析
- **レポート機能**：営業活動の成果や効率性の分析

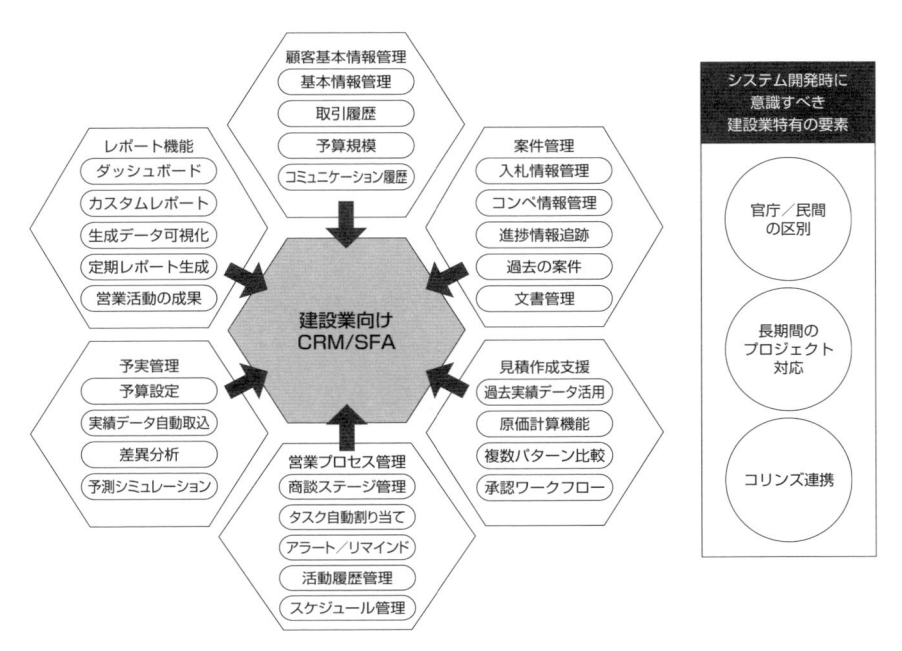

◆建設業向けCRM/SFAの主要機能

システム開発の際は、建設業特有の営業プロセスに対応できる**カスタマイズ性**のあることが重要です。たとえば官庁工事の入札プロセスや、民間工事のコンペプロセスなど、異なる営業スタイルに柔軟に対応できる設計が求められます。また、**モバイル対応**も重要なポイントです。建

設業の営業担当者は外出が多いため、スマートフォンやタブレットからでも必要な情報にアクセスでき、データ入力のできる環境が必要です。

デジタルツールの導入には下表のようなメリットと注意点があります。これらに注意しながら、建設業の営業プロセスに最適化されたツールを開発・導入することで営業活動の効率化と生産性向上を実現できます。

◆デジタルツール導入で得られるメリットと注意点

メリット	注意点
• 情報の一元管理による業務効率の向上 • リアルタイムでの情報共有による意思決定の迅速化 • データ分析による戦略的な営業活動の実現 • 営業活動の可視化によるマネジメントの改善 • ペーパーレス化による環境負荷の低減	• ユーザビリティの確保、直感的で使いやすいインターフェース設計 • データセキュリティの確保、顧客情報や案件情報の適切な保護 • 既存システムとの連携、会計／工事管理システムとの円滑な連携 • 段階的な導入、ユーザーの習熟度に合わせた機能の段階的な展開

営業チームの協力とコミュニケーションの強化

建設業界の営業活動は、チームワークとコミュニケーションが非常に重要になります。特に大規模プロジェクトや複雑な案件では、技術部門や管理部門などとの連携が不可欠です。システム活用によるコミュニケーションの大幅な強化を実現するためのポイントを解説していきます。

• リアルタイムの情報共有

クラウドベースのプラットフォームを導入することで、チームメンバー全員がリアルタイムで最新の情報にアクセスできるようになります。たとえば、ある営業担当者が顧客との面談結果を入力すると、即座にその情報が他のメンバーに共有されます。これにより、重複した作業や情報の齟齬を防ぐことができます。

システム開発時には、**リアルタイム同期機能の実装**が重要です。複数のユーザーが同時に同じデータを編集する場合でも、衝突を避けながら最新の状態を維持できる仕組みが必要になります。また、**変更履歴の管**

理と追跡機能も検討が必要です。誰がいつどのような変更を行ったかを追跡することで、情報の信頼性が向上し、必要に応じて過去の状態に戻せるようになります。さらに、情報の機密性を保つため**アクセス権限の細かな設定**も重要です。役職や部署、プロジェクトの関与度に応じて、閲覧や編集の権限を柔軟に設定できれば想定外の情報編集の可能性を減らし、業務フローの混乱を防ぐことにつながります。

• プロジェクト管理ツールの活用

　建設プロジェクトは長期にわたることが多く、複数の部門がかかわります。プロジェクト管理ツールの活用により、案件の進捗状況や各タスクの担当者、期限などを一目で把握できます。システム開発では、ガントチャートやカンバンボードなどの**視覚的な進捗管理機能の実装**が重要です。ガントチャートでは時系列に沿ってタスクの進行状況を把握でき、カンバンボードではタスクの状態（未着手、進行中、完了など）を視覚的に管理できます。特にカンバンボードはタスクを可視化して進行をチーム内で共有、管理するためのツールで、アジャイル開発の手法を取り入れたプロジェクト管理に有用です。

　また、**タスクの依存関係や優先順位の設定機能**も重要です。建設プロジェクトでは、ある作業が完了しないと次の作業に進めないといった依存関係が多く存在します。これらを明確に設定し、自動的に作業の順序や開始可能時期を調整できる機能が役立ちます。さらに、期限が近づいたタスクや遅延が発生したタスクについて自動的にリマインドする機能も、プロジェクトの遅延を防ぐ上で非常に有効です。

• コミュニケーションツールの統合

　電話、メール、対面ミーティングなど、複数のコミュニケーション手段が混在すると情報が分散してしまいます。そこで、チャットツールやビデオ会議システムを営業支援システムに統合することで、コミュニケーションの一元化が図れます。

　システム開発時のポイントは、**主要なコミュニケーションツールとの**

API連携です。たとえば、Slack、Microsoft Teams、Zoomなどのツールとの連携により、円滑なコミュニケーションをとることができます。その際、**会話ログの自動保存と検索機能の実装**も重要になります。チャットや音声会議の内容を自動的にテキスト化し、キーワード検索を可能にすることで、過去の議論や決定事項が参照しやすくなります。

さらに**AIを活用してコンテキストに応じた適切なコミュニケーション手段を推奨する機能**も有効です。緊急性の高い案件はビデオ会議、簡単な確認事項はチャットを推奨するなどの提案ができます。

• 知識共有プラットフォーム

建設業界では技術的な知識や過去の案件の経験が非常に重要です。ナレッジベースやwikiのような知識共有プラットフォーム、Q&Aフォーラムを実装することで、チーム全体の知識レベルを向上できます。

検索性に優れたナレッジベースの構築は、業務知識の共有化に役立ちます。キーワード検索やカテゴリー別の閲覧、関連情報の自動リンクなど、**ユーザーが必要な情報に素早くアクセスできる仕組み**が求められます。また、**ユーザー参加型のコンテンツ作成・編集機能**も重要です。wikiやQ&Aフォーラムなどの仕組みを取り入れ、現場の社員が自由に知識を追加・更新したり、具体的な技術的課題について質問や回答を投稿できるようにすることで、常に最新かつ実践的な情報を蓄積できます。

さらに、**AIを活用した関連情報の推奨機能**も有効です。たとえば、ユーザーが閲覧しているコンテンツに関連する過去の案件情報や技術資料を自動的に提示することで、より深い理解や新たな気づきを促すことができます。これにより、個人の経験や勘に頼りがちだった判断を、組織の集合知に基づいたものへと進化させられるようになります。

• モバイル対応

建設現場や顧客先での活動が多い建設業界では、モバイルデバイスからのアクセスが不可欠です。すべての機能をモバイル対応にすることで、どこからでもアクセスでき、意思疎通が図れるようになります。また、

重要な更新や締切が近い作業についてプッシュ通知で知らせることで、現場担当者の意思決定を迅速にサポートできます。

システム開発の際は、**モバイルユースを意識したレスポンシブデザインの意識**が必須です。スマートフォンやタブレットなど、さまざまな画面サイズに対応し、操作性を損なわないUI/UXデザインが求められます。特に、現場での使用を考慮し、手袋をしたままでも操作しやすい大きなボタンや、明るい屋外でも視認性の高い配色などの工夫が必要です。

また、建設現場ではネットワーク環境が不安定な場合も多いため、**オフライン時のデータ同期機能の実装**も必要です。オフライン時でもデータの閲覧や入力ができ、ネットワークに接続した際に自動的に同期し、必要に応じてプッシュ通知で更新完了を知らせる仕組みがあれば、現場での業務の連続性を保つことができます。

さらに、モバイル端末特有の機能も活用できます。たとえばGPSによる位置情報を利用して現場の進捗状況を自動記録したり、カメラ機能と連携して現場の状況をリアルタイムで共有したりすることが可能になります。二次元コードを活用した資材管理や音声入力による報告書作成に

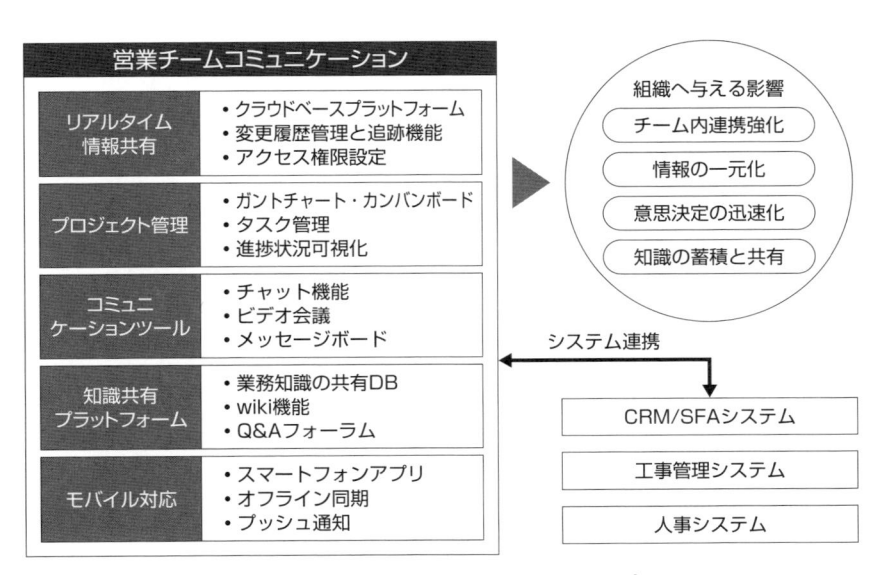

◆営業チームのコミュニケーション強化のための機能マップ

より、現場業務の効率化と正確性の向上を図ることができます。

これらの機能を実装したシステムを開発し導入することで、営業チームの協力体制とコミュニケーションを大幅に強化することができます。

ただし、システムの導入だけでは十分といえません。新しいシステムの効果的な使い方を教える**ユーザートレーニングの実施**や情報共有の範囲・方法などに関する**利用ガイドラインの策定**、システムの利用状況を分析して行う**定期的な振り返りと改善**を図る点にも注意が必要です。また、システム開発者はエンドユーザーである営業担当者や管理者の声を積極的に聞き、使いやすさと効果的な機能の両立を目指すことも大切です。

データ分析による戦略的営業アプローチ

建設業界においても、データ分析に基づく戦略的な営業アプローチの重要性が高まっています。適切に設計された営業支援システムは、膨大なデータを収集・分析し、有益な洞察を提供することができます。これにより、より効果的な営業戦略の立案と実行が可能となります。データ分析を活用した戦略的営業アプローチのポイントは、次の通りです。

● 顧客セグメンテーション

収集した顧客データを分析し、類似した特性や行動パターンを持つグループに分類します。建設業界では、業種（官公庁、民間企業の業種別）や案件規模、地域、過去の取引履歴、決定権者の特性などを基準にしてセグメンテーションを行うことが考えられます。

システム開発では、**自由に基準を追加・変更できるインターフェースを提供する**ことで、市場の変化や新たな営業戦略に応じてセグメントを再定義することが可能になります。また、機械学習アルゴリズムを用いた自動セグメンテーション機能の実装も有用です。人間が気づきにくい顧客の特徴や行動パターンを発見し、より精緻な分類ができます。

セグメントごとの分析レポート生成機能も重要です。各セグメントの特徴、規模、成長率、収益性などを自動的に分析し、見やすいレポートを生成することで営業戦略の立案や資源配分の意思決定を支援します。

・受注確率予測

　過去の案件データを分析し、新規案件の受注確率を予測します。これにより限られたリソースを効果的に配分し、高い確率で受注できる案件に注力することができます。

　システム開発時に外せないのは、**機械学習モデルを用いた受注確率予測エンジン**の実装です。過去の案件データから受注に影響を与える要因（顧客の特性、案件の規模、競合状況など）を学習し、新規案件の受注確率を予測します。このモデルでは新たなデータが蓄積されるたびに継続的に学習を行い、予測精度を向上させる機能の検討が有効です。たとえば予測と実際の結果を比較し、差異を自動的にモデルにフィードバックする仕組みを実装することで時間とともに予測の精度が向上します。

　また、予測結果の可視化とアラート機能も重要です。受注確率を数値だけでなく、グラフや色分けなどで視覚的に表現することで、営業担当者が直感的に状況を把握できるようにします。さらに、受注確率が一定の閾値を下回った、急激な変動があった場合にアラートを発する機能を実装することで、タイムリーな対応が可能になります。

・競合分析

　入札結果や市場動向のデータを分析し、競合他社の強みや弱み、価格戦略などを把握できれば、より効果的な差別化戦略を立案することができます。外部データソースとの連携は、システム開発時の重要なポイントです。特に、**公共入札情報データベースなどの外部ソースから自動的にデータを取得し、自社のデータベースと統合する機能**が有効です。これにより、常に最新の市場動向や競合情報を把握することができます。

　また、**競合情報の構造化されたデータベースの構築**も重要です。競合他社の基本情報、過去の入札実績、技術力、財務状況などを体系的に整理し、検索・分析できるようにします。このデータベースを基に、競合分析レポートを自動生成する機能も実装します。たとえば特定の競合他社との勝敗パターン、競合他社の得意分野や価格戦略の傾向などを自動的に分析しレポートにする機能があれば、戦略立案の助けとなります。

- **営業活動の効果測定**

　営業担当者のさまざまな活動データ（訪問回数、提案回数、営業職としての経験年数、過去の取引実績など）と成果（受注件数、受注金額など）を関連付けて分析します（多変量分析）。これにより、最も効果的な営業活動を特定し、ベストプラクティスとして共有することができます。

　詳細な営業活動ログの記録機能が、これらの実現のための基盤となります。営業担当者の日々の活動を簡単に記録できるインターフェースを提供し、可能な限り自動的にデータを収集する仕組みを実装します。たとえば、顧客とのメールのやり取りや、スケジュール管理システムの予定などから、自動的に活動ログを生成する機能などが考えられます。

　多変量分析による要因分析機能の実装も重要です。収集されたデータを基に、どの要因が受注成功に最も影響しているかを分析します。たとえば訪問回数と受注率の関係、提案内容の種類と成約金額の関係など、あらゆる角度から分析し、最も効果的な営業アプローチを特定します。

　さらに、これらの分析結果を直感的に理解できる**パフォーマンスダッシュボードの実装**も必要です。個々の営業担当者の実績や、チーム全体の傾向をグラフや図表で表示することで、リアルタイムでの状況把握ができます。また、成功事例の詳細情報にもアクセスしやすくすることで、ベストプラクティスの共有と学習を促進します。

- **価格最適化**

　過去の受注データや市場動向を分析し、最適な入札価格や見積価格を算出します。特に、官公庁の入札案件では落札の可能性を最大化しつつ、適正な利益を確保できる価格設定が重要です。何よりもまず肝となるのは、**過去の入札結果データベースの構築**です。自社の入札履歴だけでなく、可能な限り他社の入札結果も含めた包括的なデータベースを作成します。データベースには入札価格だけでなく、案件の詳細情報（規模、場所、工期など）も含めることで、より精緻な分析が可能になります。

　価格感度分析機能の実装も重要です。過去のデータを基に、価格の変動が受注確率に与える影響を分析します。たとえば、特定の案件におい

て、「価格をX%下げることで受注確率がY%上がる」といった関係性を導きます。この分析結果は、価格決定時の重要な判断材料となります。

さらに、**シナリオ分析によるリスク評価機能も実装**します。あらゆる価格設定シナリオを予測し、各シナリオの受注確率と利益率を計算します。これによりリスクとリターンのバランスを考慮した価格決定が行えます。たとえば高めの価格設定で利益率を確保するか、低めの価格設定で受注確率を上げるかなど、状況に応じた最適な戦略を選択できます。

• クロスセル・アップセル機会特定

建設業界では、顧客との関係が長期にわたることが特徴です。既存施設の改修工事や増築工事、定期的な保守・メンテナンス契約など、追加の受注機会が頻繁に発生します。そのため、過去の取引履歴や建物の竣工時期、メンテナンス履歴などを分析し、追加提案の適切なタイミングを特定する機能が重要となります。また、類似案件でのクロスセル・アップセル成功事例をデータベース化し、営業担当者に提案のヒントを提供することで、継続的な取引拡大を支援します。建物の使用状況や劣化状態などの情報も加味すれば、より説得力のある提案が可能となります。

これらのデータ分析機能を実装することで、より戦略的な営業アプローチが可能となります。ただし、信頼性の高いデータ入力を促進する仕組みによって**データの質を確保**することや、**プライバシーとデータ保護に対する強固な取り組み**、データ分析やビジネスインテリジェンスに関するリテラシー向上のための教育プログラム提供による**分析結果の解釈支援**などに留意する必要があります。分析結果は、具体的なアクションプランとして落とし込む必要があります。各営業担当者の行動計画、商談スケジュール、重点顧客へのアプローチ方法など、実行可能な施策に変換することで、データ分析の価値を最大化できます。加えて、**人間による判断の重要性**も無視できません。データ分析はあくまで意思決定の支援ツールであり、最終的な判断は人間が行うという認識も必要です。

建設プロジェクトは長期となる場合が多いため、**長期的な視点**で顧客

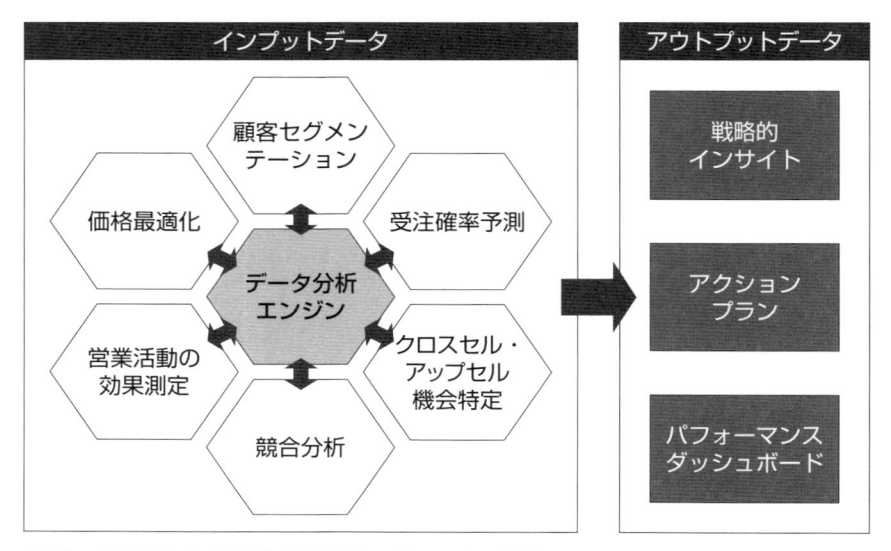

◆データ分析に基づく戦略的営業アプローチの概念

関係や市場動向を考慮した分析をすることが必要です。自社にとって重要な顧客の目星を付けられるシステムも有効となります。

　また、**複雑な意思決定プロセス**への配慮も欠かせません。特に大規模プロジェクトでは、複数の利害関係者が関与するため、単純な数値分析だけでなく、定性的な要素も考慮した総合的な分析が求められます。**地域特性を考慮**することも必要です。建設業は地域性が強い産業であるため、地域ごとの市場特性や規制環境を反映したデータ分析が重要です。

　これらを踏まえ建設業界の特性に適合した、柔軟で拡張性の高いデータ分析プラットフォームの設計が必要です。営業実務と工事管理システムとの連携は建設業のDX推進において重要な要素であり、業務の効率化、チームの協力とコミュニケーション強化、データ分析による戦略立案で営業活動の質と生産性を大幅に向上する効果が期待できます。

　また、システム開発者は単なる技術提供者ではなく、クライアントの業務改革のパートナーとしての役割も求められています。より効率的な業務フローの提案やシステムの将来的な発展の可能性に留意した目線で助言を行うこともまた、建設業界の将来に有益なものとなるでしょう。

4-2 見積り・提案

公共工事と民間工事における見積り・提案システムの最適化

官庁（公共工事）案件の見積作成時のポイント

　本節では、システム開発エンジニアの視点から、建設業の見積り・提案業務の現状と課題を踏まえつつ、効率的なシステム開発のポイントについて解説します。

　官庁（公共工事）案件の見積作成には、独特の要件や注意点があります。最も重要なポイントは、**最低入札価格への対応**です。官庁案件では最低入札価格が設定されているため、それを下回らない見積りを作成することが求められます。このため、システムには積算ソフトとの連携または統合機能、各工種の単価を正確に算出する機能、そして入札に適した価格を提示する機能が必要です。

　また、公共工事では「**入札用の見積り**」と「**現実的な見積り**」の2種類を作成できる**二重見積機能**も重要です。入札用の見積りは最低入札価格を意識したもの、現実的な見積りは実際の工事コストを反映したものです。

　この二重構造により、適切な入札戦略を立てつつ、実際の工事遂行に必要な予算を把握することができます。

　過去実績の管理と活用も官庁案件では極めて重要です。官庁は過去の実績を重視するため、コリンズ（工事実績情報システム）などのデータベースとの連携機能が求められます。その他、過去の類似工事の実績を容易に参照・検索できる機能や、同業他社から情報収集した過去の工事での問題点、苦労した点を記録・参照できる機能も有用です。これにより、新規案件の見積精度を高めるとともに、潜在的なリスクを事前に把握し、社内での案件優先度の判断材料にできます。

　総合評価方式への対応も忘れてはなりません。この方式では、価格だ

けでなく技術力や社会性なども評価されます。そのため、企業の技術力や社会性に関する情報を集約・管理する機能や、評価項目に基づいたスコアリング機能、提案書作成支援機能などが必要となります。これらの機能により、価格以外の面での競争力を適切に提示することができます。

　経営事項審査（経審）情報の管理も重要な要素です。経審は公共工事受注に不可欠であり、有効期限は**1年7カ月**と定められています。そのため、システムには経審情報の管理機能や有効期限の管理とアラート機能、経審申請書類作成支援機能などが求められます。これにより、経審の更新漏れを防ぎ、常に公共工事の受注資格を維持することができます。

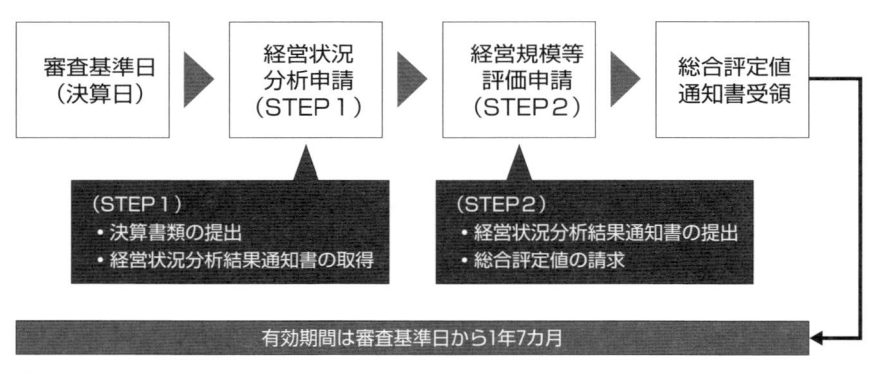

◆経営事項審査の流れと有効期限

　さらに建設業法や公共工事の入札及び契約の適正化の促進に関する法律など、関連法規の遵守を支援する法令遵守支援機能も求められます。

　これらの機能を実装することで、官庁（公共工事）案件の見積作成を効率化し、精度を向上させることができます。また、ベテラン社員と新人社員の間の見積精度の差を縮小することにも貢献し、組織全体の競争力向上につながります。

▍民間工事案件の見積作成時のポイント

　民間工事案件の見積作成は、官庁案件とは異なる特徴があります。最も重要なポイントは、**顧客ニーズに応じた柔軟な見積作成機能**です。民

間案件では顧客ごとに要求が異なるため、カスタマイズ可能な見積りのテンプレートも便利で重宝されます。

　また、その他にも荒見積書スピード作成機能、仕様提案機能、コンペ対応機能、顧客関係管理（CRM）機能、適切な協力会社を選定するための機能、VE（バリューエンジニアリング）提案機能が求められます。これら6つの機能について、それぞれ順に見ていきましょう。

　1つ目は**粗見積書スピード作成機能**です。基本的にはしっかりと詳細を盛り込んだ見積書作成が必要になりますが、案件の中にはスピード優先のケースもあります。そのような場合、必須項目に絞って入力することで簡単に粗見積りを作成できます。

　2つ目は**仕様提案機能**です。顧客が明確な仕様を持っていない場合も多いです。併せて、顧客ニーズのヒアリング結果を記録・管理する機能、建設予定地の条例情報を参照できる機能、仕様提案書の作成支援機能が求められます。これらにより、顧客の漠然としたニーズを具体的な提案に落とし込むことができます。

　3つ目は**コンペ対応機能**です。民間案件ではコンペが多くなります。自社の強みを強調した提案書作成支援機能、過去の成功事例を参照・活用できる機能、効果的なプレゼンテーション資料生成機能などが必要となります。これらの機能により、競合他社との差別化を図り、受注確率を高めることができます。

　4つ目は**顧客関係管理（CRM）機能**です。民間案件では重要な機能です。新規顧客と既存顧客の情報を一元管理し、顧客の重要度や将来性を評価・表示する機能、過去の取引履歴を参照できる機能、見積りの優先順位を決定する機能などが求められます。これらにより顧客ごとに最適な対応をとることができ、長期的な関係構築につながります。

　5つ目は**適切な協力会社を選定するための機能**です。協力会社情報のデータベース、条件に基づいた協力会社検索機能、協力会社の評価・ランク付け機能などが求められます。これらにより、プロジェクトごとに最適な協力会社を選定し、品質と効率の向上を図ることができます。

　6つ目は**VE（バリューエンジニアリング）提案機能**です。コストを抑

えつつ価値を高める提案をサポートするため、代替材料や工法の提案機能、コスト比較シミュレーション機能、VE提案書作成支援機能などが必要となります。これらにより、顧客に対してより魅力的な見積提案を行うことができます。

	STEP1	顧客ニーズのヒアリング	〈システムの役割〉顧客情報管理、ヒアリング項目チェックリスト
	STEP2	仕様の確認	〈顧客提供の仕様書がある場合〉仕様書の確認 〈仕様書がない場合〉仕様提案 〈システムの役割〉過去の類似案件参照機能、仕様書テンプレート
	STEP3	現地調査・法規制確認	〈システムの役割〉地域ごとの法規制データベース、現地調査チェックリスト
	STEP4	見積り方法の選択	〈粗見積り〉緊急性が高い場合 〈詳細見積り〉精度重視の場合 〈システムの役割〉見積方法選択支援機能
	STEP5	協力会社の選定	〈システムの役割〉協力会社データベース、条件検索機能
	STEP6	見積り作成	〈粗見積り〉過去の類似案件データ活用 〈詳細見積り〉協力会社からの見積取得、原価計算 〈システムの役割〉自動計算機能、原価データベース
	STEP7	VE（バリューエンジニアリング）提案検討	〈システムの役割〉VE提案データベース、コスト比較シミュレーション
	STEP8	社内承認	〈システムの役割〉承認ワークフロー機能、承認状況トラッキング
	STEP9	見積書作成・提出	〈システムの役割〉見積書テンプレート、自動作成機能
	STEP10	顧客との交渉・調整	〈システムの役割〉交渉履歴記録、価格調整シミュレーション
	STEP11	契約締結	〈システムの役割〉契約書テンプレート、電子契約機能

◆民間工事案件の見積作成フロー

　これらの機能を実装することで、民間工事案件の見積作成を効率化し、顧客ニーズに合わせた柔軟な提案が可能になります。これまでベテラン社員が個人的に持っていたノウハウをシステム設計に盛り込むことで、若手社員でもベテラン社員に見劣りしない見積書作成を実現できるようなシステム開発を実現できます。これによって、建設業全体の業務効率化に寄与することができるのです。

見積作成時にシステム側で保持するべきデータの種類

　効率的で精度の高い見積りを作成するためには、システム側で適切なデータを保持して活用できる仕組みを構築することが必要です。具体的には、資材価格データ、工種別単価データ、過去実績データ、顧客情報データ、法令・規制データ、協力会社データ、経営事項審査（経審）データ、市場動向データが必要となります。

　資材価格データは、最新の資材価格情報、価格変動履歴、取引先ごとの価格情報などが該当します。リアルタイムで更新される価格情報を見積りに反映したり、価格変動傾向を分析して将来の価格予測に活用したりすることができます。

　工種別単価データは、各工種の標準単価、地域別の単価情報、季節変動を考慮した単価情報などが該当します。正確な工事費用の算出や、地域、時期による単価の違いを考慮した見積作成に使えます。

　過去実績データは、過去の工事案件情報、工事ごとの詳細な原価情報、工期情報、問題点や改善点の記録などが該当します。類似案件の見積作成時に参照したり、過去の問題点を考慮したリスク管理、適切な工期の設定などに活用できます。

　顧客情報データは、基本情報（名称、住所、連絡先など）、過去の取引履歴、顧客ごとの特殊要求事項、顧客の評価情報などが該当します。顧客ニーズに合わせたカスタマイズ見積りの作成や、重要顧客の優先対応、顧客満足度向上のための提案などに活用できます。

　法令・規制データは、建設業法関連情報、地域ごとの条例情報、環境規制情報などが該当します。法令遵守の確認、地域特性に合わせた提案、環境配慮型の工事提案などに活用できます。

　協力会社データは、協力会社の基本情報、得意分野・実績情報、評価情報などが該当します。最適な協力会社の選定や、協力会社を含めた総合的な見積作成に活用できます。

　経営事項審査（経審）データは、経審の評点情報、有効期限情報、申請に必要な各種データなどが該当します。公共工事の入札参加資格の確

認、経審の更新管理、経審向上のための施策立案などに活用できます。

市場動向データは、建設業界の市況情報、競合他社の動向、新技術・新工法の情報などを保持しており、競争力のある価格設定、差別化提案の作成、新技術を活用した付加価値提案などに活用できます。

見積作成時にシステム側で保持すべきデータは多岐にわたるため、適切に管理して活用できるシステムの構築は非常に重要です。特に資材価格、工種別単価、過去実績、顧客情報、法令・規制、協力会社、経営事項審査（経審）、市場動向などのデータを統合的に管理するデータベースの構築は必須です。これらは相互に関連しており、組み合わせることでより精度の高い見積りや戦略的な提案が実現できます。

また、リアルタイムでのデータ更新機能、入力ミス防止のバリデーション機能、変更履歴の追跡機能の実装も求められます。さらには、高度な検索・分析機能、AIを活用したデータ分析なども考慮する価値があります。部門間でのデータ共有を促進しつつ、一方で適切なアクセス権限管理も必要になります。

ユーザーからのフィードバックを基に継続的に改善を行う体制作りも、長期的な視点での業務効率化と競争力の強化のために重要です。このようなシステムは、単なるデータ保存ツールではなく、建設業の業務プロセス全体を最適化する役割を担います。

提案書の雛形作成機能のポイント

効果的な提案書を効率的に作成するためには、システム側で適切な雛形作成機能を提供することが必要です。盛り込むべき機能としては、テンプレートの活用機能、過去事例の引用機能、AIアシスタント機能、作成書類の回覧機能、自動データ挿入機能、・最新の法令改正・業界ガイドラインとの整合性確保機能、デザイン・レイアウト機能などがあります。これら7つの機能について、それぞれ順に見ていきましょう。

1つ目は**テンプレートの活用機能**です。工事種別ごとの標準テンプレート、顧客タイプ（官公庁／民間）に応じたテンプレート、提案の目的（新規案件／リピート案件）に合わせたテンプレートなどをカスタマイ

ズできる機能が求められます。

2つ目は**過去事例の引用機能**です。類似案件の提案書検索機能、成功事例のデータベース、過去の提案内容の部分的な引用機能などが求められます。キーワードやタグによる高度な検索機能、引用部分の自動更新機能（価格、日付など）、引用元の明記機能なども重要です。

3つ目は**AIアシスタント機能**です。対話型の提案書作成支援、キーポイントの自動抽出・提案、文章の自動生成・校正機能などが求められます。ユーザーの入力に基づく適切な質問生成、業界特有の専門用語や表現の適切な使用、提案内容の一貫性チェック機能なども重要です。このAIアシスタント機能により、ベテラン社員のノウハウを効果的に活用しつつ、新人社員でも質の高い提案書を作成できるようになります。

4つ目は**作成書類の回覧機能**です。提案書の草案を社内の各部門で回覧可能とし、コメント機能を持たせることで担当部門では気づけなかったポイントのフィードバックを得られるようにします。そこには、閲覧者やコメント記入者の履歴機能も必要です。

この機能により、部門間の連携が促進され、より総合的で説得力のある提案書の作成が可能になります。

5つ目は**自動データ挿入機能**です。顧客情報の自動挿入、最新の価格情報の反映、工期・スケジュールの自動生成などが求められます。社内システムとの連携、データの整合性チェック、手動での上書き・調整機能なども重要です。これにより、人為的ミスを減らしつつ、常に最新の情報を反映した提案書を作成することができます。

6つ目は**最新の法令改正・業界ガイドラインとの整合性確保機能**です。建設業法や関連法令で定められた必須記載事項が多岐にわたるため、システムには法令遵守チェックリスト、必須項目の入力確認機能、適切な免責事項の自動挿入といった機能の実装が求められます。これにより、システム利用者は法的リスクを最小限に抑えつつ、適切な提案書を作成することができます。

7つ目は**デザイン・レイアウト機能**です。プロフェッショナルなデザインテンプレート、レイアウトの自動調整機能、図表やグラフの挿入・

編集機能などが求められます。直感的な操作インターフェースを実現し、レイアウト業務が苦手な社員でも簡単に魅力的な提案書を作成できるよう留意することが重要なポイントです。

また、民間工事の場合、競合他社とのコンペになる場合もあります。その場合、コンペでの勝利を目指し魅力的な提案書を作成する必要があります。画像、動画、3Dモデルの挿入機能、インタラクティブな要素の追加機能、AR/VR技術を活用した提案書作成もシステムによって制作をアシストできるのが望ましいです。これにより、より視覚的で説得力のある提案書を作成することができます。

これらの機能を適切に実装することで、建設業界の提案書作成プロセスを大幅に効率化し、質の高い提案書を一貫して作成できるようになります。特に、AIアシスタント機能や自動データ挿入機能は、ベテラン社員と若手社員間の提案書作成スキルの差を縮める効果が期待できます。

また、建設業界が抱える課題のひとつとして、社員のITスキルの平均値の低さが挙げられます。システム開発の際には、ユーザーのITスキルレベルに配慮し、**直感的で使いやすいインターフェースを設計するUI/UXデザイン**が重要です。

最新機能を革新的なインターフェースで提供するよりも、現在の建設業の現場で使用頻度が高いExcelなどの操作感を意識するほうが、システム導入の初動では現場への浸透がスムーズに進む可能性が高いと想定されます。

最後に、提案書作成システムは常に進化し続ける必要があります。市場動向や顧客ニーズの変化、新しい技術の登場に応じて、システムを柔軟にアップデートできる設計にすることが肝要です。また、ユーザーからのフィードバックを積極的に収集し、継続的な改善を行うための仕組みも組み込むべきでしょう。

4-3 顧客や案件調整

顧客と案件の調和を実現するシステム設計のポイント

顧客情報管理の課題とシステム開発時の要点

　本節では、建設業の顧客管理と案件調整の現状や課題を踏まえ、効率的なシステム開発のポイントを解説します。建設業界における顧客情報管理にはいくつかの重要な課題があります。これらの課題を理解して適切に対応することが、効果的な顧客管理システムの開発につながります。

課題1：顧客情報の分散管理による不透明化

　多くの建設会社では、営業部門、設計部門、施工部門など、各部門が独自に顧客情報を管理しています。そのため情報の一貫性が欠如し、部門間での情報共有が困難な状態です。手動での情報更新も、ミスや情報漏れが発生しやすく、営業活動の効率低下につながっています。

課題2：顧客ニーズの把握と活用

　顧客の要望や過去の取引履歴などの重要な情報が十分に活用されていないケースが多く見られます。これにより、提供するサービスや提案が画一化し、顧客満足度の低下を招いています。

課題3：長期にわたる顧客関係の管理

　建設業では、1つの工事が数年に及ぶケースもめずらしくありません。そのため、長期的な視点での顧客情報管理が必要ですが、紙や個別のExcelファイルでの管理による現状では、適切なタイミングでの更新が追い着かず、十分に対応できていないケースが多いのが現状です。

　これらの課題を念頭に置き、顧客情報管理システムの開発時に注意す

るべきポイントを10点挙げておきます。

1点目は顧客情報を一元管理する**顧客情報データベース**です。これにより部門間での情報共有が容易になり、情報の一貫性を保つことができます。データベースには顧客の基本情報だけでなく、過去の取引履歴、コミュニケーション記録、工事の詳細情報などを含めるようにします。

2点目は**情報入力・更新機能**です。情報のリアルタイム更新を可能にする機能の実装が必要です。これにより、常に最新の顧客情報を全社で共有できるようになります。また、更新履歴を記録し、誰がいつどのような変更を行ったかを追跡できるようにすることも重要です。

3点目は**ユーザーインターフェースの工夫**です。各部門のニーズに合わせたユーザーインターフェースの設計が必要です。たとえば、営業部門向けには顧客の基本情報や商談履歴を中心に表示し、設計部門向けには過去の設計図面や仕様書を簡単に参照できるようにするなど、部門ごとのカスタマイズが効果的です。

4点目は**アクセス管理機能**です。顧客情報には機密性の高いものも含まれるため、適切なアクセス権限の設定が不可欠です。役職や部門に応じて閲覧・編集権限を細かく設定できるようにし、情報セキュリティを確保しつつ、必要な情報共有を実現することが重要です。

5点目は**データの整合性チェック**です。入力ミスや重複データの防止のため、自動チェック機能の実装が必要となります。たとえば、住所や電話番号のフォーマットチェック、重複顧客の自動検出などの機能を備えることで、データの品質を高めることができます。

6点目は**分析・レポーティング機能**です。顧客の行動履歴や過去の取引データを分析し、顧客ニーズを予測する機能の実装が重要です。AIや機械学習技術を活用することで精度の高い分析が可能になります。

7点目は**提案支援機能**です。顧客分析の結果を基に、各顧客に合わせた提案を自動生成する機能の実装が効果的です。これにより、営業活動の効率化と顧客満足度の向上を同時に実現できます。

8点目は**フォローアップ支援機能**です。長期にわたる顧客関係を適切に管理するため、自動リマインダー機能や定期的なフォローアップスケ

ジュール管理機能の実装が重要です。これにより、タイムリーな顧客フォローが可能になります。

9点目は**顧客満足度測定機能**です。顧客からのフィードバックを収集し、満足度を定量的に測定する機能の実装が有効です。これにより、サービス品質の継続的な改善が可能になります。

10点目は**顧客優先度判断支援機能**です。過去の取引総額や将来の成長可能性など、複数の要因を考慮して顧客の優先度を自動判定する機能が効果的です。これにより限られたリソースの効率的な配分ができます。

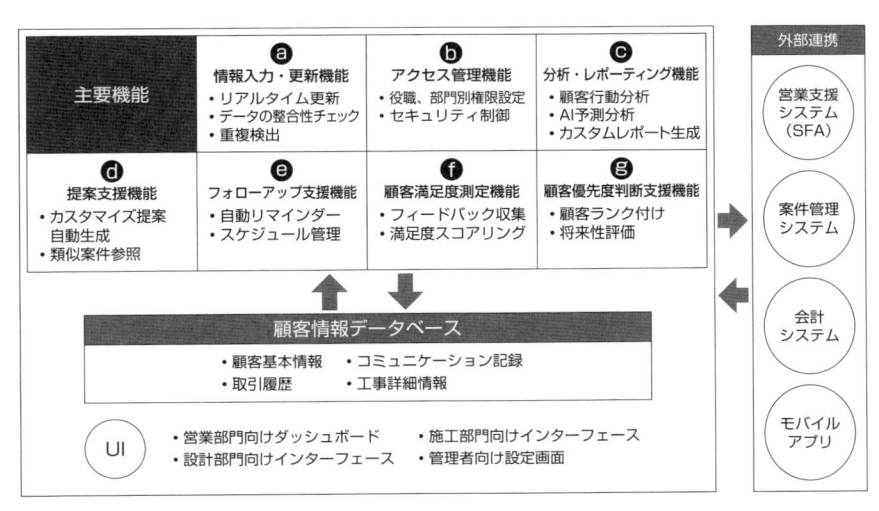

◆**顧客情報管理システムの概要**

これらの要点を押さえたシステム開発によって、顧客管理の効率化と品質向上を実現し、顧客満足度の向上と営業成果の改善に貢献できます。

案件管理の課題とシステム開発時の要点

建設業界における案件管理には、いくつかの重要な課題があります。これらの課題を適切に解決することが、効果的な案件管理システムの開発につながるため、きちんと押さえておきましょう。

課題1：進捗状況の把握が困難

多くの建設会社では、案件管理が手動で行われているため、リアルタイムでの進捗状況の把握が難しく、プロジェクトの遅延やコストオーバーランが発生しやすい状況にあります。

課題2：関係者間の情報共有が不十分

案件にかかわるさまざまな部門や協力会社との連携がスムーズに行えず、情報の行き違いや作業の重複が発生するケースが多く見られます。

課題3：案件データの分散管理

案件ごとのデータが異なる部門や系統で管理されており、全体像を把握しにくく、過去の類似案件の情報を活かせていないケースが多いです。

これらの課題を解決するためのシステム開発では、次の10点のポイントが挙げられます。

1点目は**リアルタイム進捗管理機能**です。案件ごとの進捗状況をリアルタイムで把握できるシステムの設計が必要です。ガントチャートやカレンダー機能を搭載し、各タスクの締め切りや担当者を一目で確認できるようにすると効果的になります。また、計画と実績の差異を自動で検出し、アラートを発する機能も有用です。

2点目は**情報共有プラットフォーム**です。関係者間での情報共有を円滑にするため、コメント機能やファイル共有機能を実装することが重要です。また、重要な更新や締め切りのリマインダーを自動で送信する通知機能も必要です。さらに、モバイル対応を行い、現場からでもリアルタイムで情報を更新・確認できるようにすることが効果的です。

3点目は案件ごとのデータを一元管理する**案件情報データベース**を構築し、全体像を簡単に把握できるようにすることが必要です。過去の案件データを活用し、類似案件の参考資料として利用できるような検索・参照機能も実装すべきです。

4点目は**コスト管理機能**です。予算と実際の支出を比較し、コストオ

ーバーランを防ぐための機能が必要です。リアルタイムでコストの変動を把握し、一定の閾値を超えた場合に自動でアラートを発する機能を実装することが効果的です。また、コスト予測機能を搭載し、プロジェクトの早い段階でコストリスクを特定できるようにすることも重要です。

5点目は**リソース管理機能**です。プロジェクトに必要なリソース（人材、機材、材料など）を効率的に割り当てるための機能の実装が重要です。リソースの利用状況をリアルタイムで把握し、過不足を自動で検出する機能や、最適なリソース配分を提案する機能などが効果的です。

6点目は**工程管理機能**です。複雑な工程を管理するため、クリティカルパス分析やWhat-If分析などの高度な工程管理機能の実装が有効です。工程の遅延が全体スケジュールに与える影響を自動で算出し、対策案を提示する機能なども考えられます。

7点目は**リスク管理機能**です。潜在するリスクを特定し、評価・対応するための機能の実装が必要です。過去の類似案件で発生したリスクを自動で抽出し、現在の案件に適用可能な対策の提案機能も効果的です。

8点目は**文書管理機能**です。案件に関連する各種文書（契約書、図面、仕様書など）を一元管理し、バージョン管理を行う機能の実装が必要です。また、重要な文書の承認ワークフロー機能も組み込むべきです。

9点目は**顧客コミュニケーション管理機能**です。顧客とのコミュニケーション履歴を記録し、案件の進捗に応じて適切なタイミングで顧客への報告や確認を促す機能の実装が必要です。また、顧客からの要望や変更依頼を適切に管理し、影響範囲を自動で分析する機能も有効です。

10点目は**データ分析・レポーティング機能**です。蓄積された案件データを分析し、有益な洞察を得るための機能の実装が必要です。たとえば、成功案件の特徴分析や利益率の高い案件タイプの特定などができます。経営層向けのダッシュボードやレポート自動生成機能も有用です。

さらに、**顧客管理システムと案件管理システムを連携させる**ことで、より包括的な業務管理が可能になります。たとえば、顧客の過去の案件履歴を参照しながら新規案件の提案を行ったり、進行中の案件状況に応じて顧客フォローの優先度を自動調整したりすることができます。

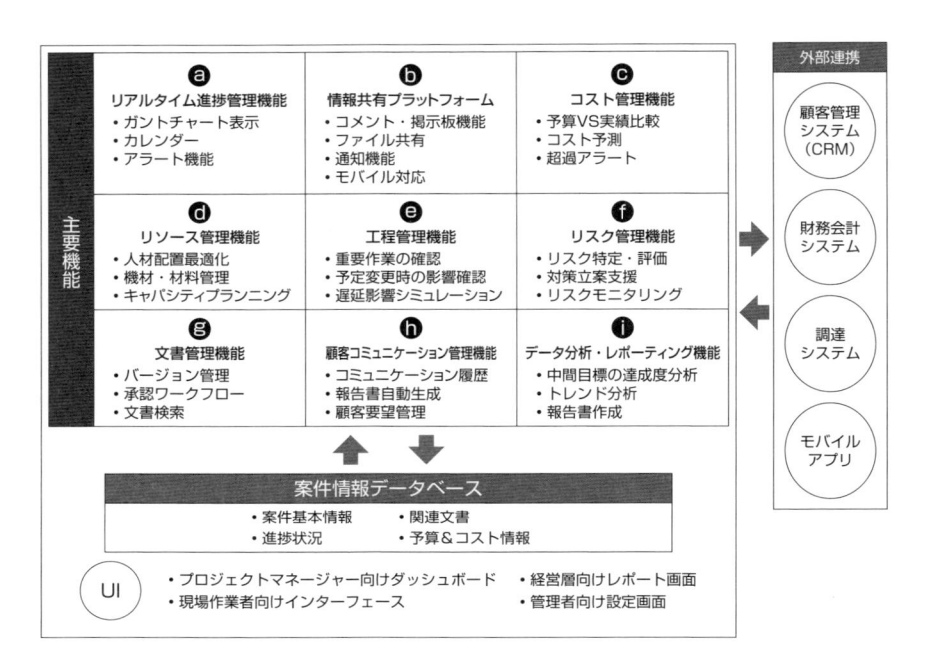

◆案件管理システムの概要

　システム開発では、建設業界特有の業務フローや慣習を理解し、ユーザーの利便性を考慮したインターフェース設計が重要です。たとえば、現場作業者でも直感的に操作できるモバイルアプリケーションの開発や既存の紙ベースの業務フローとの親和性を考慮した設計が求められます。

　システムの導入段階では、ユーザーのITスキルレベルに配慮した段階的な導入計画や充実したトレーニングプログラムの提供も必要です。システムの有用性を実感してもらうことで、ユーザーの積極的な利用を促し、結果として業務効率の大幅な向上につながります。

　これらのシステムは進化し続ける必要があります。業界や技術の変化に応じ、柔軟に更新できる設計にすることが大切です。ユーザーの意見を積極的に収集し、継続的な改善を行う仕組みも組み込むべきでしょう。

第 5 章

購買実務と
工事管理システム

5-1 購買調達計画

利益創出の鍵を握る効果的な購買調達マネジメント

購買調達の重要性とその役割

　本節では、建設業界における購買調達計画の重要性と基本的な構成要素について解説します。まずは購買調達計画の重要性についてです。購買調達に関して特筆すべきは、**建設プロジェクトの原価の80～90％が協力会社との契約によるものだ**という点です。この事実は、購買調達計画が企業の利益創出に直結することを示しています。

　購買調達の主な目的は、最適なタイミングで、最適な資材を、最適な量、適正なコストで発注先から調達することです。この目的を達成するためには、綿密な計画と効率的な実行が必要となります。

　購買調達計画の重要性は、コスト管理、品質確保、納期管理、リスク管理など多岐にわたります。適切な購買調達は、プロジェクトのコストを適正に保ち、必要な品質の資材や部品を確保し、スケジュールを遵守するために不可欠です。

　建設業界では請負契約や単価契約などさまざまな契約形態が存在し、それぞれに特徴があります。開発するシステム上では、これらの契約形態の違いを考慮し、それぞれに適した管理機能を実装する必要があります（請負契約や単価契約といった契約形態の詳細については、次節で改めて解説します）。

　また、購買調達計画は年度ベースだけでなく、半年から１年程度の受注見込みを考慮して立てることが一般的です。そのため、システムには**将来の需要予測機能**や、それに基づく**最適な調達計画の立案支援機能**が求められます。

　システム開発に着手する際は、こうした購買調達の重要性と役割を十分に理解した上で、効率的かつ効果的な購買調達プロセスをサポートす

るシステムの設計・開発に取り組む必要があります。たとえば、過去の購買実績や市場動向を考慮した計画立案機能、複数のサプライヤーの見積りを比較・分析する機能、発注から納品・検収までのプロセスを一元管理する機能などを実装できれば、建設会社のDXが大きく前進することになるでしょう。

所長と購買部の役割分担

　建設業界の購買調達計画において、**所長（現場責任者）と購買部の役割分担**は重要なポイントです。ここでは、この役割分担を理解し、それぞれのニーズに合わせたシステム設計を行うための解説をします。

　まずは所長が購買調達を担当するパターンです。この場合では、現場の状況に即した迅速な意思決定が可能となります。所長主導の場合は協力会社との直接的なコミュニケーションにより、円滑な関係を構築し、**現場特有のニーズに柔軟に対応できる**というメリットがあります。

　たとえば、急な設計変更や天候の影響による工程の変更にも迅速な判断を下すことが可能です。一方で、個々の現場での購買となるため、スケールメリットが得られにくく、全社的な購買戦略との整合性がとりにくいというデメリットも存在します。

　一方、購買部が購買調達を担当するパターンでは、**全社的な視点でのコスト削減**が可能となります。まとめ買いによる交渉力の向上や、過去のデータや市場動向を考慮した戦略的な購買ができます。

　たとえば、鉄の価格上昇が予測される場合、複数の現場で使用する分をまとめて早期に購入することでコスト削減を図れます。また、標準化された購買プロセスによる効率化も期待できます。

　しかし、現場の個別ニーズへの対応が遅れる可能性や、現場との連携不足により実態とのズレが生じる可能性があるというデメリットも存在します。実際の運用では、所長と購買部が協力して計画を立案するケースが多いため、システム開発の際は、この協働作業をサポートする機能の検討が必要です。たとえば、所長が立案した計画案を購買部がレビューし、全社的な観点から最適化を図るといったワークフローを支援する

機能が求められます。

　企業によっては「コストブック」と呼ばれる社内の工種工事ごとの単価の基準を作成し、毎年更新しているケースもあります。このコストブックは主に購買部が作成していることが多く、これによってコストコントロールを会社として管理できるようになります。

　システム開発の際には、この**コストブックの管理・更新機能**や、**コストブックに基づく価格チェック機能**などを実装できれば、より現行の業務からのデジタルシフトがスムーズになるでしょう。

コストコントロールと利益創出

　購買調達計画におけるコストコントロールと利益創出は、建設プロジェクトの成功に直結する重要な要素です。コストコントロールの基本は、**適正な予算設定**にあります。予算設定は単なる目標値ではなく、コストの妥当性を証明する基準となり、協力会社との価格交渉において重要な指標となります。

　たとえば、1億円の工事で原価予算が8,000万円、そのうち2,000万円を協力会社に払う予定だった場合、実際の交渉で1,800万円に抑えることができたとすれば、200万円の利益創出となります。ただし、**利益創出を目的として最初から高い予算を組むことは避けるべき**です。予算には証明性の役割があり、適正な予算の圧力と交渉のバランスで利益を出すことが重要です。

　システム開発時には、過去の実績データや市場動向を考慮した適正な予算を設定・管理する機能、予算と実際の調達価格を比較し差異を分析する機能などが求められます。

　一方、利益創出の方法としては、早期調達、まとめ買い、発注先の分散などが挙げられます。たとえば、鉄の価格上昇が予測される場合、早めに調達することで利益を確保できます。また、複数の現場や将来の需要を見込んでまとめて調達することで、スケールメリットを活かした交渉が可能になります。さらに、複数の協力会社に分散して発注することで、自社の交渉力を維持することもできます。

以上の点から、開発するシステムには次のような機能が想定されます。

- **市場価格の推移予測機能**
- **予算設定と管理機能**
- **予算と実際の調達価格の比較分析機能**
- **最適調達時期の提案機能**
- **全社的な需要予測機能**
- **最適調達量の算出機能**
- **協力会社ごとの発注実績管理機能**
- **最適発注先の提案機能**

また、**相殺処理（赤伝処理）の管理**も大切です。協力会社の不具合による追加コストを支払額から相殺する処理を適切に管理することで、不必要なコスト増加を防ぎ、利益を確保することができます。

たとえば、業務を発注した協力会社が工事のミスを犯したとします。それを修正するために別の業者に追加工事を依頼した場合、追加発生分のコストをミスを犯した業者への支払いから差し引く処理が必要です。

さらに、購買調達に付随する業務として検収業務があることも忘れてはいけません。検収時のトラブル（不具合品の発生など）に対応するため、工事担当と購買担当が連携して問題解決にあたるケースがあります。

開発するシステムでは、このような内部連携をスムーズに行うためのコミュニケーション機能やトラブル対応の記録・管理機能があれば重宝されます。

以上のように、建設業界の購買調達計画におけるコストコントロールと利益創出は、システム開発において重要な要素となります。これらの要素を十分に理解し、効果的なシステム設計・開発を行うことが、建設業界のDX推進に大きく貢献することになるでしょう。

発注関連手続き

効率的な発注管理がもたらすプロジェクト成功への道筋

請負契約と単価契約の違い

　建設業界のDX化が加速する中では、発注関連手続きもシステム化の重要な対象です。本節では、請負契約と単価契約の違い、発注書の作成と契約締結の流れ、発注先の選定と交渉について解説します。

　建設業界における発注には、主に**請負契約**と**単価契約**の２種類が存在します。システム開発エンジニアは、両者の違いを理解し、それぞれに適したシステム設計を行う必要があります。

　まずは請負契約についてです。これは特定の工事や作業の完成を目的とする契約形態です。この請負契約は、**契約作業全体に対して包括的に支払いを行います**。たとえば、ある地点からある地点へ土を移動させる作業が発生したとします。その工事作業全体の予算に1,000万円が組まれた場合、契約から作業完了までの工事作業そのものに対して1,000万円をまとめて支払います。その作業内で発生する人員や工数は請負者の裁量に任されます。請負契約のメリットとしては、原価のコントロールがしやすい点や、工期や品質の管理がしやすい点、さらに発注者側の管理負担が比較的少ない点が挙げられます。

　一方、単価契約（常用契約とも呼ばれる）は、**人員や機材などのリソースに対して単価を設定し、使用量に応じて支払いを行う**契約形態です。たとえば、１人１日３万円で作業員を雇い、必要に応じて人数を調整するというものです。単価契約のメリットとしては、作業量の変動に柔軟に対応できる点や、小規模や短期の作業に適している点、さらに作業の進捗に応じて支払いを調整できる点が挙げられます。

　システム開発の観点からは、どちらにも対応できる柔軟な設計が求められます。請負契約の場合は**工程管理**や**原価管理機能**が重要になる一方、

単価契約の場合は**人員や機材の稼働管理機能**が重要になります。これらの異なる要件に対応できるように設計段階から考慮する必要があります。

◆請負契約と単価契約の比較

特　徴	請負契約	単価契約
契約の対象	工事や作業の完成	人員・機材などのリソース
支払いの基準	完成した成果	投入した資源の量
価格の決定	一括で決定	単価×数量
リスク負担	請負者が大きい	発注者が大きい
工程管理	請負者の裁量大	発注者の管理大
適している工事	大規模・長期	小規模・短期
原価管理	しやすい	変動が大きい
柔軟性	低い	高い

発注書の作成と契約締結

続いて、発注書の作成から契約締結までの流れを解説します。不備なく順調な契約業務を実現することは、建設プロジェクトのスムーズな滑り出しに不可欠です。システム開発の際は、この流れを理解し、効率的かつ正確な処理を支援するシステムを構築する必要があります。

まずは発注書作成の手順について、その流れをまとめます。

STEP1：発行日（取引日）の記入
STEP2：発注者の情報（会社名、住所、電話番号、担当者名）の記入
STEP3：受注者の情報の記入
STEP4：発注内容（工事内容、数量、単価など）の詳細な記述
STEP5：取引金額の記入（税込・税抜の区別を明確にする）
STEP6：工期（施工開始日と終了予定日）の記入
STEP7：支払条件（支払方法、締日、支払日など）の記入

発注書作成後、受注者から注文請書を受け取ることで契約が成立します。この過程をシステム化する際には、さまざまな工事種別に対応した

テンプレート機能、過去の取引データや協力会社情報との連携機能の実装が望ましいです。また、電子署名機能の導入により、契約締結のスピードアップが図れます。さらに、発注内容の変更履歴を管理するバージョン管理機能も重要です。

発注書の保存期間は法人税法上、**受け取った業者の確定申告提出期限から7年間**と定められています。このため、長期的なデータ保管と検索機能の実装が必要になります。また、契約締結後は工事の進捗に応じてさまざまな書類のやり取りが発生するため、これらの文書管理機能も組み込むことで、プロジェクト全体の効率化を図ることができます。

発注先の選定と交渉

適切な発注先の選定と交渉は、建設工事プロジェクトの成功を左右する重要なプロセスです。最適な発注先選定と効果的な交渉をフォローできるシステムを設計できれば、建設業界の業務効率化に寄与できるでしょう。発注先選定の基準には次のようなものがあります。

- **価格競争力**
- **技術力・施工能力**
- **過去の実績**
- **財務状況**
- **安全管理体制**
- **環境配慮への取り組み**

これらの基準を適切に評価し、最適な発注先を選定するためのシステム機能としては、次のようなものが考えられます。

- **協力会社の情報を一元管理する「サプライヤーデータベース」**

発注先の選定と交渉の要となります。この機能により、協力会社の基本情報から取引履歴、得意分野、保有資格、財務状況まで、包括的な情報管理ができます。

リアルタイムでの情報更新機能により、常に最新のデータに基づく発注先選定が実現します。また、取引データの自動蓄積と分析機能を備えることで、より戦略的な協力会社との関係構築が可能になります。ただし、適切なアクセス権限設定による情報管理には十分な注意が必要です。

● 過去の工事実績や品質評価を数値化する「評価システム」

協力会社の客観的評価と将来の発注判断に欠かせない機能です。工事の品質、納期遵守率、安全管理状況、コスト管理能力などの要素を数値化し総合的に評価します。各指標に適切な重み付けを行うことで精緻な評価が可能になります。また、評価結果の推移を可視化し協力会社へフィードバックすることで、建設業界全体の品質向上にも寄与できます。

● 複数の発注パターンを比較する「シミュレーション機能」

工事の規模、工期、必要技術、市場の需給状況など、多様な要因を考慮した予測を行います。一括発注と分割発注のコスト比較、早期発注効果の試算、協力会社の組み合わせの最適化などが可能です。機械学習アルゴリズムを用いた高精度の予測や直感的に理解できるインターフェース設計により、効果的な意思決定にも役立ちます。

交渉においては、**市場価格の把握、早期発注・まとめ買い、発注の分散**などが重要なポイントとなります。これらの交渉戦略を支援するシステム機能としては、次のようなものが考えられます。

● 建設資材や労務費の市場価格をリアルタイムで把握する「市場価格モニタリング機能」

効果的な交渉と適正な予算管理に効果を発揮する機能です。複数の信頼できる情報源からデータを自動収集し、価格動向をグラフや表で視覚化します。さらに、AI技術の活用による価格予測を行い、早期発注や大量発注のタイミングを提案することも可能です。地域ごとの価格差や季節変動などを考慮に入れた精緻な価格情報も提供します。

- **工事の規模や時期、協力会社の状況などを考慮して最適な発注タイミングと数量を提案する「発注最適化アルゴリズム」**

　過去のプロジェクトデータ、市場動向、協力会社の稼働状況など複数の要因を分析し最適な発注戦略を導き出します。たとえば資材価格の上昇が予測される場合は早期発注を、複数の工事で同じ資材が必要な場合はまとめ買いを提案するなど、柔軟な戦略を立案します。

- **過去の交渉経緯や結果を記録する「交渉履歴管理機能」**

　各取引における交渉のポイント、合意に至った経緯、譲歩した点などを詳細に記録します。これにより次回の交渉時に過去の経験を活かせ、有利な条件で契約が交わせます。また、担当者が変わっても一貫した交渉戦略を維持でき、履歴データの分析により交渉スキル向上や交渉戦略の最適化にも活用できます。

　その他にも、発注管理において重要な役割を果たす**「コストブック」のデジタル化**も欠かせません。工種ごとの単価基準を示すコストブックをリアルタイムで更新・参照する機能の実装により正確で迅速な原価管理が行えます。

　発注後の検収業務や不具合対応も考慮する必要があります。たとえば、ある業者の工事ミスにより追加コストが発生した場合の赤伝処理をシステム上で管理できるよう、柔軟な会計処理機能の実装が必要です。

　建設業界の発注関連手続きのDX化において、最も重要な点はこれらの複雑な業務プロセスを効率化しながら、法令遵守と適正管理を両立させることです。システム開発時は業界特有の慣行や法規制を十分に理解した上で、柔軟性と拡張性を備えた設計をすることが求められます。

5-3 検収関連手続き

デジタル時代の検収管理による透明性向上と業務効率化の実現

検収の基本手続き

受発注からの一連の工事を正しく締めくくるために、**検収業務**は非常に重要なプロセスです。その重要性を理解して、システム開発時に注意するポイントを押さえていきます。

検収とは、発注した商品やサービスが契約条件を満たしているかを確認する重要なプロセスです。建設業界では、この検収プロセスが品質管理と工程管理の要となります。システム開発時には、この基本的な流れを理解した上で、効率的かつ正確な検収システムを設計する必要があります。まずは、検収の基本的な流れについてまとめます。

STEP1：受注者による納品
STEP2：発注者による検査
STEP3：検収不合格の場合の再納品・再検査
STEP4：検収完了と検収書の発行
STEP5：報酬の支払い

システム開発の観点から特に重要なポイントには**データの一元管理**が挙げられます。発注情報、納品情報、検収結果を一元管理することで情報の整合性を保ち、効率的な検収プロセスを実現することができます。また、**検収基準のデジタル化**も重要です。検収基準をシステムに組み込むことで、客観的かつ一貫した検収が可能になります。これには、品質基準、数量確認、納期遵守などの項目が含まれます。

さらに、検収状況をリアルタイムで更新し、関係者間で共有することで迅速な対応が可能になります。検収完了時に自動的に電子検収書を生

成し関係者に配信する機能を実装することで、ペーパーレス化と業務効率化を同時に実現できます。**検収結果の承認プロセスをシステムに組み込むこと**も必要です。これにより透明性と追跡可能性が高まります。また、現場での検収作業をスマートフォンやタブレットで行えるようにすることで、リアルタイムな情報更新と業務効率化を図ることができます。

　これらのポイントを踏まえたシステム設計により、検収プロセスの効率化、正確性の向上、ペーパーレス化を実現できます。また、検収データの蓄積と分析により、サプライヤーの評価や将来の発注計画に活用することも可能になります。システム開発では、検収プロセス全体を最適化し、関連する他システムとの連携や将来的なデータベースの活用も想定しながら業務全体を俯瞰した設計をすることが求められます。

┃トラブル対応と連携

　検収時には外的要因やヒューマンエラーによるものなど、予期しないさまざまなトラブルが発生します。システム開発の際は、これらのトラブルに対応できる柔軟な設計が求められます。また、購買部門との連携を円滑にするための機能も重要です。トラブルの例を挙げると、数量不足や品質不良、納期遅延、仕様の不一致、検収担当者の判断ミス、検収書の紛失や誤記、サプライヤーとのコミュニケーション不足などがあります。これらに対応するためには、**システム上で不具合を検知および記録し、自動的に再納品や修正の要求を生成する機能**が有効です。

　また、納期管理機能を実装し、遅延が発生した際に自動でアラートを発信するようにできれば、早期の対応が可能になります。発注時の仕様と納品物の仕様を比較できる機能を実装し、不一致を自動検出する仕組みを構築することもポイントのひとつです。

　検収担当者の判断ミスを減らす対策も大切です。ヒューマンエラーの防波堤として**AIを活用した画像認識や数値チェック機能の実装**も検討すべきでしょう。電子検収書を自動生成し、クラウド上で安全に保管する機能を実装することで検収書の紛失や誤記のリスクを軽減できます。

　サプライヤーとのコミュニケーション不足に対しては、**検収結果をリ**

アルタイムで共有できるシステム構築が効果的です。これにより問題発生時に迅速な対応が行えます。購買部との連携では不具合情報や遅延情報を即時に共有し、対応を協議できるチャット機能やタスク管理機能が有用です。また、検収結果の二重チェック機能を設け、購買部による承認プロセスを組み込むことで、ミス防止と透明性確保が可能となります。

これらのトラブル対応と連携機能を実装することで、検収プロセスの透明性が高まり、問題発生時の迅速な対応が可能になります。また、データの蓄積によりトラブルの傾向分析や予防策の立案にも活用できます。

さらに、AIやビッグデータ分析などの最新技術を活用することで、トラブルの予測や自動対応など、より高度な機能の実現も可能になります。たとえば、過去のトラブル事例をAIが学習し、類似の状況が発生した際に自動的に警告を発するシステムなどが考えられます。

検収業務は工事事業の締めくくりとして、その正確性が非常に重要であり、透明性と信頼性を高めることは工事事業の成功に直結します。データの正確性を担保するためにも改ざんが困難な検収記録を作成し、関係者間で共有することが重要です。

請求書処理とコスト調整

請求書処理とコスト調整はプロジェクトの収益性に直接影響する重要な業務です。システム開発時には複雑な工程を効率化し、正確性を高める機能が欠かせません。請求書処理の基本的な流れは次の通りです。

STEP1：検収完了後、受注者が請求書を発行
STEP2：発注者が請求書の内容を確認
STEP3：請求書の承認プロセス
STEP4：支払処理
STEP5：支払完了の記録

コスト調整が必要となる主な場面としては、追加工事や仕様変更による追加コスト、工事の遅延や品質不良による減額、材料価格の変動に伴

う調整、為替変動による調整（海外取引の場合）などが挙げられます。

　これらのプロセスをシステム化する際の重要なポイントとして**電子請求書の導入**が挙げられます。紙の請求書をスキャンしてデータ化するのではなく、最初から電子請求書を発行・受領できるシステムを構築することが望ましいと考えます。ただし、取引先によっては紙の請求書を使用する場合があるため、OCR技術を活用し、紙の請求書も効率的にデータ化できるようにしておく必要があります。

　次に重要なのは、**検収データとの自動照合機能**です。検収システムと連携し、請求書の内容と検収結果を自動的に照合する機能を実装することで、ミスの防止と業務効率化が図れます。不一致がある場合は自動的にフラグを立て、確認プロセスを開始するようにします。**承認ワークフローの電子化**も欠かせません。請求書の承認プロセスを電子化し、承認者への自動通知や期限管理機能を実装します。モバイル端末からの承認操作も可能にすることで、プロセスの迅速化を図ることができます。

　そして、**コスト調整機能の実装**も業務効率化に必要です。追加工事や仕様変更に伴うコスト調整をシステム上で簡単に行える機能を実装し、調整履歴を記録していつでも経過を追跡できるようにします。

　また、請求書処理やコスト調整の結果をリアルタイムで予算管理システムに反映させ、予算超過の警告機能を実装することで、コスト管理の徹底を図ることができます。人材や資材、コストなどの情報を一元管理する**ERP（統合基幹業務システム）との連携**も大切です。請求書処理やコスト調整の結果を自動的に会計システムに反映させることで、二重入力を排除し、データの整合性を確保することができます。

　AIの活用も検討すべきでしょう。機械学習を用いて請求書の異常値を自動検出する機能や、過去のデータを分析してコスト調整の妥当性をAIがチェックする機能などが考えられます。これにより人為的ミス防止と業務効率化が期待できます。AIによるデータの蓄積と利用プロセスを確立することは、若手の人材不足が加速し若い世代への業務継承が年々困難になる建設業界において、事業を維持するための有効な一手になります。

　最後に、**レポーティング機能の実装**も欠かせません。請求書処理やコスト調整の状況を可視化するダッシュボードを実装し、傾向分析や予測機能を搭載することで、経営判断に活用できるようになります。

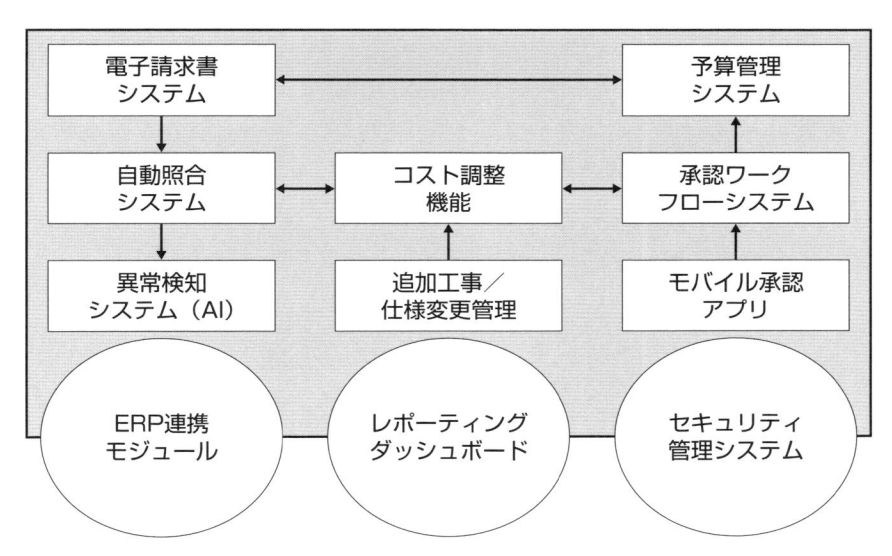

◆**請求書処理とコスト調整のシステムの概念**

　これらの機能を実装することで、請求書処理とコスト調整の効率化、正確性の向上、透明性の確保が可能になります。またデータの蓄積と分析により、戦略的なコスト管理や取引先との交渉に活用できます。

　システム開発エンジニアには、AIやビッグデータ分析などの最新技術を活用し、建設業界の請求書処理とコスト調整のレベルを向上させることが求められます。近年注目されている**RPA**（Robotic Process Automation）も、建設業界には相性が良い技術です。もともとPCによる入力作業などを不得手とする人材が多く、さらに若手人材の不足が進む中、定型的な請求書処理やデータ入力作業をRPAで自動化することで、人的ミスの削減と業務効率の大幅な向上が期待できます。

　クラウドベースのソリューションの採用も重要です。クラウドを利用することで場所や時間を問わずに請求書処理やコスト調整が可能になり、

テレワークなどの新しい働き方にも対応できます。また、システムの拡張性や柔軟性も向上し、ビジネスの成長に合わせて容易にスケールアップすることができます。もちろん、**セキュリティ面の考慮**も忘れてはいけません。請求書やコスト情報は機密性の高いデータであるため、暗号化技術の採用やアクセス権限の厳密な管理など、高度なセキュリティ対策が必要です。また、定期的なセキュリティ監査も検討すべきでしょう。

最後に、ユーザーインターフェースの設計にも十分な注意を払う必要があります。複雑な請求書処理やコスト調整の作業を、直感的で使いやすいインターフェースで提供することで、ユーザーの負担を軽減し、システムの導入・運用をスムーズに行うことができます。

検収関連手続きのDX化は、単なる業務効率化にとどまらず、建設プロジェクト全体の最適化につながる重要な取り組みです。この領域に対応可能な人材の不足が加速する中、開発するシステムによって下支えすることが建設業界の未来を支えることに直結します。

5-4 購買調達と工事管理のつながり

シームレスな情報連携が実現する次世代の建設プロジェクト最適化

購買調達が工事管理に与える影響

　建設業界における購買調達は、工事の効率性、コスト、品質に直接的かつ多大な影響を及ぼします。一般的に購買部門が全社的な視点から材料の大量購入を行いコスト削減を図る一方で、現場の所長は日々の工事の進捗に応じて細かな調達を行っています。

　この二重構造は一見合理的ですが、実際には多くの課題を抱えています。たとえば購買部門が大量発注によるコスト削減を優先するあまり、現場のニーズに合わない材料を調達してしまう危険性があります。また、現場の所長が緊急で調達を行う際に、全社的な発注状況を把握できず高コストでの購入を余儀なくされることもあります。現在の建設業界では、これらの業務が個別のシステムや表計算シート、場合によっては手作業で行っている現場もあり、情報の一元管理や迅速な意思決定が難しい状況です。

　この現状から生じる主な問題には、情報の分断による非効率性、リアルタイムでの状況把握の困難さ、コスト管理の精度不足、品質管理の一貫性欠如、安全管理と環境配慮の徹底化の難しさなどが挙げられます。これらの問題は工事の遅延やコスト超過、品質低下などのリスクを高める要因となります。

　たとえば、情報の分断による非効率性では、購買部門と現場との間で情報共有が適切に行われないことで過剰在庫や在庫切れが発生し、工事の進捗に影響を与えるケースが多々あります。また、リアルタイムでの状況把握が困難であることから、材料の納期遅延や品質問題に対して迅速な対応が行えず、工程全体に遅れが生じることもあります。

　コスト管理の精度不足は、予算超過や利益率の低下など事業の成功に

関わる重要な問題に直結します。現場ごとの細かな調達状況を即座に把握できないため、プロジェクト全体のコスト管理が後手に回ってしまう事態を招きます。品質管理の一貫性欠如は、使用する材料の品質にばらつきが生じ、最終的な建設物の品質低下につながる恐れがあります。さらに、安全管理と環境配慮の徹底が難しいという問題も深刻です。安全装備や環境配慮型材料の調達状況を統合的に管理できないため、現場での安全確保や環境負荷低減の取り組みが徹底されないケースもあります。

購買調達にまつわる課題解決のためのシステム

　これらの課題を解決するため、システム開発の際には統合的な購買調達・工事管理システムの設計が求められます。このシステムでは、**材料の発注から納品までのプロセスを可視化し、リアルタイムで追跡できる機能**が重要です。たとえば、二次元コードやRFIDタグを活用した材料のトラッキングシステムを導入することで、材料の位置情報やステータスをリアルタイムで把握できます。

　複数の現場の発注情報を統合し、**最適な発注量と発注タイミングを提案する機能**も有効です。たとえば、鉄筋コンクリート工事で使用する鉄筋について、複数の現場の需要を統合して分析するとします。A現場で100トン、B現場で80トン、C現場で120トンの需要がある場合、個別に発注するのではなく、合計300トンを一括で発注することで、量的なスケールメリットを活かした交渉が可能になります。さらに、各現場の工程を考慮し、最適なタイミングで分割納入するように調整することで、在庫の最小化と現場の効率的な運営を両立させることができます。

　過去の購買データを分析し、価格変動の傾向を予測する機能も重要な役割を果たします。たとえば、過去5年分のコンクリートの価格データを分析したところ、毎年4月から6月にかけて価格が上昇する傾向が見られたとします。この情報を基に3月までに大量発注を行うことで、コスト削減を図ることができます。

　また、原油価格の変動がアスファルト舗装材の価格に影響を与える傾向が見られた場合、原油市場の動向を注視し、価格上昇前に先行発注を

行うといった戦略的な調達が可能になります。

供給業者の評価システムの構築も効果的です。たとえば納期遵守率、品質適合率、価格競争力、アフターサービスの質などの項目を設定し、各供給業者を100点満点で評価します。Ａ社は納期遵守率が高く90点、Ｂ社は品質に優れており95点、Ｃ社は価格競争力が高く85点といった具合です。これにより各社の得手不得手を容易に確認でき、工事の特性や緊急度に応じて最適な供給業者を選定する足がかりにできます。緊急を要する工事では納期遵守率の高いＡ社を、高度な品質管理が必要な工事ではＢ社を優先的に選ぶといった判断が可能になるのです。

材料の品質データベースの構築も求められる機能のひとつです。たとえば、過去に使用した鉄骨部材の強度データ、コンクリートの圧縮強度の試験結果、塗料の耐久性テスト結果などを蓄積します。あるメーカーの鉄骨部材で強度不足が頻発していた場合、そのメーカーの製品を避け、より信頼性の高い製品を選択することができます。また、特定の現場環境（例：寒冷地）で良好な性能を示した塗料のデータを参照し、類似環境の新規工事に適用するといった活用も可能です。

これらの機能を統合的に活用することで、たとえば季節変動や市場動向を考慮した最適なタイミングでの大量発注や、信頼性の高い供給業者からの安定的な調達が可能となります。また、品質データベースを活用することで、過去に問題が発生したことがある材料の使用を未然に防ぎ、工事全体の品質向上につながります。

安全管理や環境配慮の観点からは、安全関連の資材の在庫管理や定期的な点検・更新を促す機能、さらには材料のカーボンフットプリントを管理し、環境負荷の低い材料を優先的に選択できる機能なども重要です。

たとえば、安全装備の使用期限を自動でチェックし、更新が必要な場合にアラートを発するものや、材料のライフサイクルの適切な評価を行い、環境負荷の少ない材料を推奨するものなどが考えられます。

AIやビッグデータ分析を活用した精度の高い発注計画や工程管理機能も効率的な業務遂行に寄与します。たとえば過去の工事データと気象情報を組み合わせて分析することで、天候による工事の遅延リスクを予

測し、事前に必要な対策を講じることができます。さらに、モバイル技術を活用した現場での情報アクセス機能も大切です。現場の作業員がスマートフォンなどを通じ、リアルタイムで材料の在庫状況や納期情報にアクセスできるようになれば現場での意思決定の迅速化につながります。

　下図は、購買調達と工事管理の連携を視覚的に表現し、情報の流れや各機能の関係性を示したものです。

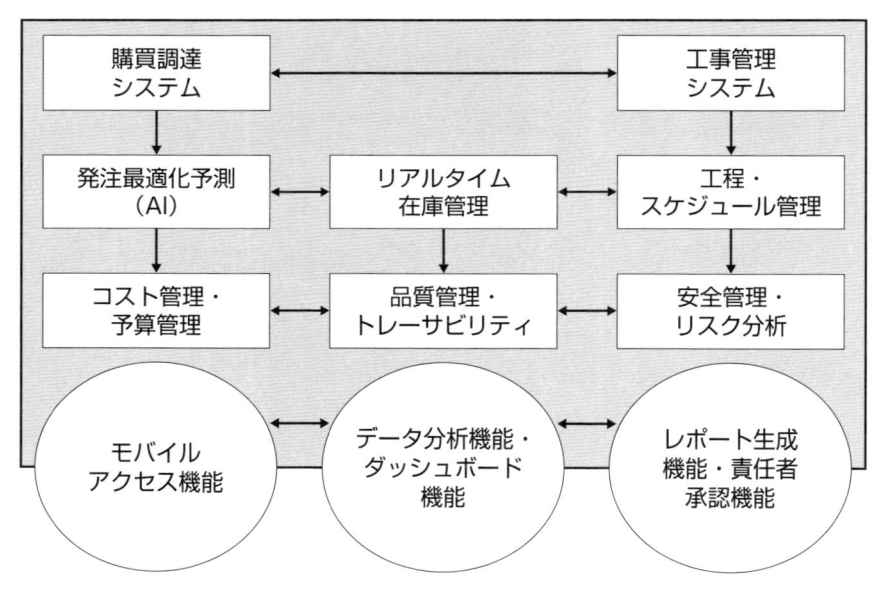

◆購買調達と工事管理の連携

　これらの機能を統合したシステムにより、購買調達と工事管理の連携が強化され、プロジェクト全体の効率性、コスト管理、品質管理が大幅に向上することが期待できます。たとえば、材料の発注から納品、使用、支払いまでの一連のプロセスを一元管理することで、リアルタイムでの原価管理、在庫管理が可能となり、予算超過のリスクを大幅に低減できます。また、品質データと使用実績を連携させることで、高品質な材料の選定と安定的な調達が可能となります。

購買システムと工事管理システムの連携

建設業界では購買システムと工事管理システムが別々に運用されているケースが多々見受けられます。その理由は、**独立して開発されている汎用パッケージシステムを業務ごとに場当たり的に導入しているため**です。その結果、データの共有や連携が十分に行われていない状況です。

そのため、せっかくシステム導入に踏み切っているにもかかわらず、情報の二重入力や、リアルタイムでの情報共有の困難さ、全体的な業務効率の低下などの問題が生じています。たとえば、購買システムで材料の発注を行ったとします。その情報が別途導入された工事管理システムに反映されるまでに社員による人力の作業が発生し、タイムラグが生じます。その間に現場の状況が変化して再発注が必要になるケースが発生してしまいます。また、工事管理システムで把握している工程の進捗状況が購買システムに反映されないため、材料の納入タイミングが工事の進捗と合わないという問題も起こり得ます。

この現状から、データの不整合と二重管理、意思決定の遅延、コスト管理の精度不足、品質管理の一貫性欠如、安全管理の徹底の難しさ、システム間の互換性の欠如といった問題点が浮かび上がります。それぞれの問題点は、具体的には次のような内容です。

● データの不整合と二重管理

同じ情報を購買システムと工事管理システムに別々に入力する必要があり、入力ミスや情報の齟齬が生じやすくなります。

● 意思決定の遅延

現場で発生した問題に対して、購買システムと工事管理システムの両方からデータを収集し分析する必要があるため、迅速な対応が難しくなります。

- **コスト管理の精度不足**

　購買システムでの発注情報と工事管理システムでの実際の使用量の差異をリアルタイムで把握できないことから生じます。

- **品質管理の一貫性欠如**

　購買システムで管理する材料の品質情報と、工事管理システムで記録する施工品質の情報が連携していないため、材料の品質が工事全体の品質に与える影響を把握することが困難になります。

　これらの問題は、プロジェクト全体の効率を低下させ、コスト増加や品質低下のリスクを高める要因となります。問題解決のため、システム開発時は両システムを統合し、シームレスに情報が流れる構成が求められます。具体的には次の8つのような設計やシステムが考えられます。

　1つ目は**共通のデータベースを構築し、各システムがシームレスにデータを共有できる設計**です。リアルタイムでの情報共有が可能となり、意思決定の迅速化につながります。たとえば、購買システムで行われた発注情報が即座に工事管理システムに反映され、工程表が自動的に更新されるシステムが考えられます。逆に、工事管理システムで記録された材料の使用実績が購買システムに反映され、自動的に再発注の提案が行われるような双方向性のある仕組みも有効でしょう。

　2つ目は**リアルタイムのアラート機能やワークフロー機能**です。たとえば材料の納期遅延が発生した場合、工事管理システム上で自動アラートが発生し、所長が即座に工程の調整を行えるようになります。同時に購買システム側でも代替調達の提案が行われるなど、問題解決のためのワークフローが自動で開始される仕組みが考えられます。

　3つ目は**リアルタイムの原価計算機能や予算超過のアラート機能**です。これによりコスト管理の精度向上が期待できます。たとえば、購買システムでの発注情報と工事管理システムでの使用実績を連携させ、リアルタイムで原価を計算し、予算との乖離をモニタリングする機能が有効です。予算超過のリスクが検知された場合、自動的にアラートが発生し、コスト削減のための対策を促すような仕組みも検討できます。

　4つ目は**材料の在庫管理機能や品質管理チェックリストの自動生成機能**です。これらの機能により、使用する材料の品質を常に把握し、必要に応じて迅速に対応することができます。たとえば、購買システムで管理されている材料のロット情報と、工事管理システムで記録される使用箇所の情報を連携させることで、品質問題が生じた際の原因特定や対策立案を迅速に行えます。

　5つ目は**安全装備の使用状況や点検記録を一元管理する機能**です。これは安全管理の面においても重要です。たとえば購買システムで管理されている安全装備の在庫情報と、工事管理システムで記録される作業員の情報を連携させることで、各作業員に適切な安全装備が行き渡っているかをリアルタイムで確認できるようになります。

　6つ目は**効率的な通信方法の開発やデータ形式の標準化**です。システムの拡張性と柔軟性を確保するために必要です。たとえばAPI活用により各システム間のデータ交換を柔軟に行う、共通のデータフォーマットを定義し他システムとの連携も容易にすることが考えられます。

　また、クラウドベースのシステムを採用することで、場所や時間を問わずにデータにアクセスでき、リアルタイムの情報共有が可能になります。システムの拡張性も向上し、プロジェクトの規模や需要の変化に応じてシステムリソースを調整できるようになります。

　7つ目は**多要素認証やアクセス制御などの高度なセキュリティ機能**です。建設プロジェクトには多くの関係者が関与するため、各ユーザーの役割に応じて適切な情報アクセス権限を設定し、機密情報の漏洩を防ぐ必要があります。また、外部からの不正アクセスを防ぐため、暗号化技術の導入や定期的なセキュリティ監査の実施も重要です。

　8つ目は**ユーザーの役割に応じたダッシュボード機能や必要な情報を直感的に理解できるUI/UX設計**です。ユーザビリティの向上も重要な課題となります。たとえば、現場所長向けには工程の進捗状況や材料の納入予定を中心に表示し、購買担当者向けには発注状況や在庫レベルを中心に表示するなど、ユーザーごとにカスタマイズされた画面を提供することで、業務効率の向上が期待できます。

下図は、購買システムと工事管理システムの統合やデータの流れ、主要な機能の関係性を示したものです。これらの機能を統合したシステムにより、購買システムと工事管理システムの連携が強化され、建設プロジェクト全体の効率化、コスト削減、品質向上が実現できます。

　材料の発注から納品、使用、支払いまでの一連のプロセスを一元管理することで、リアルタイムでのプロジェクトの進捗管理ができるようになり、問題の早期発見と迅速な対応が可能になります。また、過去のプロジェクトデータを活用した予測分析を行うことで、より精度の高い計画立案や意思決定支援が可能となります。

　建設業界のDX化を加速させ、より効率的で持続可能な建設プロジェクトを実現するために、購買管理と工事実務のシステム開発は非常に重要な意味を持ちます。現場をデータ管理で陰から支える購買管理業務の効率化こそ、システム開発力が最も試される舞台といえるでしょう。

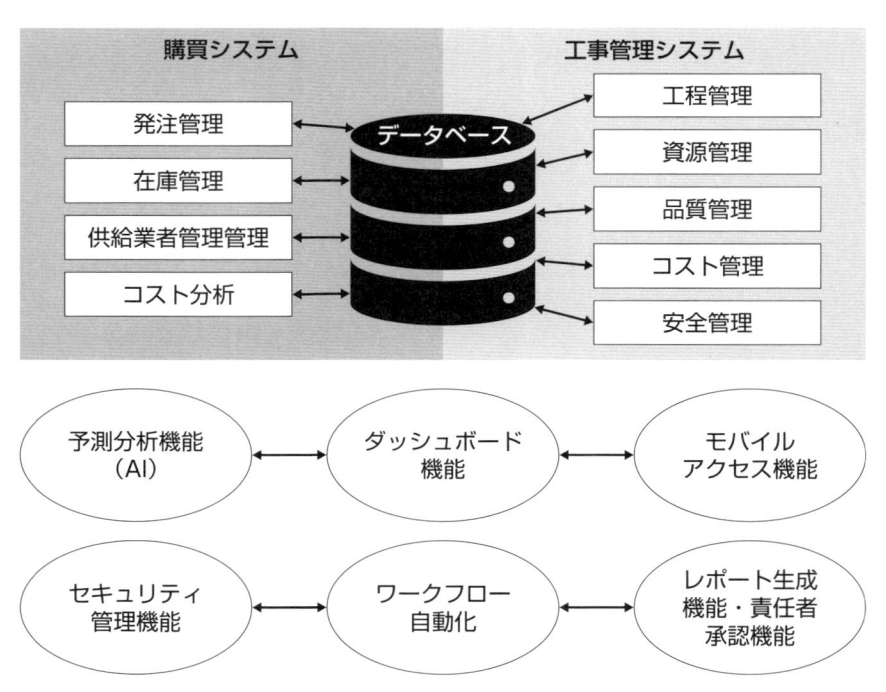

◆購買システムと工事管理システムの統合

第**6**章

工事実務と
工事管理システム

システムを活用しやすい 工事施工体制

統合システムによる業務効率化と生産性向上への道筋

現状の施工体制における課題

　本節では、現在の建設業界における工事施工体制の現状と課題を明らかにし、それらを解決するためのシステム統合アプローチについて詳しく解説します。さらに、そのようなアプローチがもたらす施工体制の強化ポイントを具体的に示し、最後に今後の展望について考察します。

　現在の工事施工体制は、大きく**現場**と**会社全体**に分けられます。現場では所長を筆頭に、次席、三席、工事係といった階層構造があり、会社全体では社長、支店長の下に工事部門とバックオフィス部門が並列する形になっています。この構造自体は合理的ですが、問題はこれらの部門間でのコミュニケーションや情報共有の方法にあります。

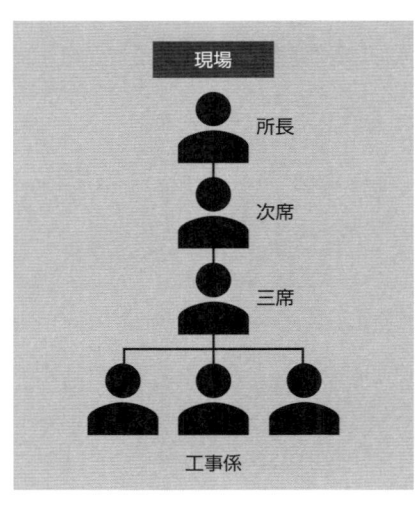
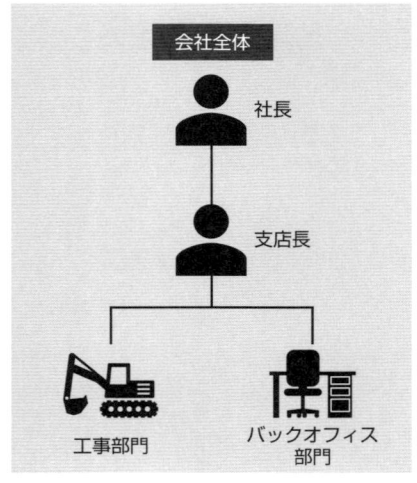

◆工事施工体制の現状

　多くの建設会社では、個々の業務に特化したパッケージシステムの導入はされているものの、それらが互いに連携していないことが大きな課題となっています。たとえば、勤怠管理ソフトは現場で使用されていても、そのデータを給与計算システムに反映させる際には、担当者による手作業での入力や、CSVファイルの手動での移動が必要となっています。さらに、契約書の作成や承認プロセスにおいても、紙ベースでの処理が残っているケースが多く見られます。

　これらの分断されたシステムや紙ベースの業務フローは、次のような問題を引き起こしています。

- データの二重入力による時間的損失と人為的ミスの増加
- 紙の書類を物理的に運搬する必要があることによる時間的・空間的制約
- 承認プロセスにおける遅延と非効率性
- リアルタイムでの情報共有の困難さ
- データの一元管理ができないことによる分析や意思決定の遅れ
- 紙の書類の閲覧や流出に対するコントロールの難しさとセキュリティ上の問題

　工事現場と会社が離れた場所にあることが多い建設業では、これらの問題がより顕著に表れます。契約書の承認フローを例に挙げると、所長が作成した書類を工事部長、支店長、場合によっては社長まで回覧し承認を得る必要があります。さらに、承認された後もバックオフィスでの確認や処理が必要となり、この一連のプロセスが紙ベースで行われると大きな時間的ロスが生じることになります。

　また、労働時間管理や原価計算においても、現場での記録と本社での処理が分断されていることによって、リアルタイムでの状況把握や迅速な対応が困難になっています。そのため、業務の効率化と生産性向上は建設業界にとって喫緊の課題といえます。

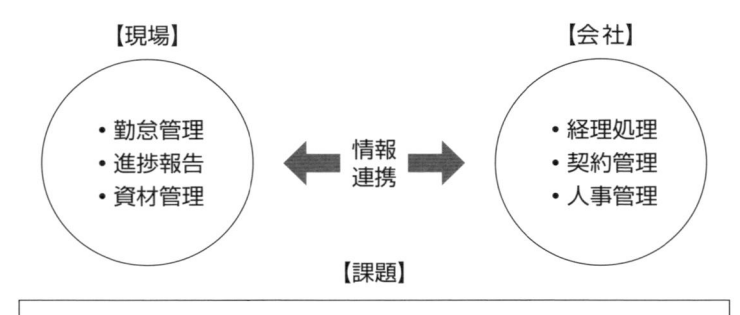

◆現状の施工体制における課題

　システム開発の視点では、これらの課題は統合されたシステムの導入によって大きく改善できる可能性があります。次項から、このようなシステム統合によるアプローチについて詳しく見ていきます。

システム統合による課題解決アプローチ

　前項で挙げた課題を解決するためには、建設業界の特性を考慮した統合システムの開発が不可欠です。システム開発時には、以下のようなアプローチを考慮することで効果的な解決策を提供することができます。

● クラウドベースの統合プラットフォームの構築

　建設現場と本社、さらには協力会社を含めたすべての関係者がリアルタイムで情報を共有できるクラウドベースのプラットフォームを構築します。これにより、物理的な距離や時間の制約を超えた円滑なコミュニケーションと情報共有を実現できます。

● ワークフローの電子化と自動化

　承認プロセスや各種申請手続きを完全に電子化し、自動化します。たとえば、契約書の承認フローを電子化することで、関係者は場所を問わ

ず迅速に確認と承認を行うことができます。また、承認の進捗状況をリアルタイムで把握することも可能になります。

• データの一元管理とAPI連携

現場の勤怠データ、工事の進捗状況、財務情報など、すべてのデータを一元管理できるシステムを構築します。さらに、既存の専門システム（例：会計ソフト、CADソフトなど）とのAPI連携を実装することで、データの自動連携を実現し、二重入力の問題を解消します。

• モバイル対応とオフライン機能の実装

建設現場ではインターネット環境が不安定な場合があるため、モバイルデバイスに対応し、かつオフライン時でもデータ入力や閲覧ができる機能を実装します。この機能によって、現場での即時データ入力と、インターネット接続時の自動同期が可能になります。

• AI・機械学習の活用

蓄積されたデータを基にAI・機械学習を活用して業務の予測や最適化を行います。たとえば、過去のプロジェクトデータから工期や原価の予測を行ったり、最適な人員配置を提案したりすることができます。

• ユーザーインターフェースの最適化

建設業界では、その特性からITに不慣れな従業員も少なくありません。そのため、直感的で使いやすいユーザーインターフェースの設計は開発されたシステムが現場に浸透するかの大きなポイントになります。現場での使用、進む高齢化といった課題を念頭に、大きなボタンや明確な文字表示、音声入力機能などを考慮します。

• コンプライアンス対応機能の実装

建設業法や労働基準法など、関連法規への準拠を支援する機能を実装します。たとえば、法定書類の自動生成や、労働時間の自動チェック機

能などが考えられます。この機能は労務管理業務にも役立ちます。

　これらのアプローチを統合的に実装することで、現状の施工体制における多くの課題を解決することが可能になります。たとえば、クラウドベースの統合プラットフォームとワークフローの電子化により、紙ベースの業務フローに起因する時間的・空間的制約が解消されます。また、データの一元管理とAPI連携によって、二重入力の問題や情報の分断が解消され、リアルタイムでの情報共有と意思決定が可能になります。

　さらに、モバイル対応とオフライン機能の実装は、現場と事務所の連携をスムーズにし、リアルタイムでのデータ入力と共有を可能にします。

　これらのシステム統合アプローチは、単に既存の業務を電子化するだけでなく、建設業界の働き方そのものを変革する可能性を秘めています。

　統合システムの導入により、無駄が発生していた業務プロセスが効率化され、人的リソースをより付加価値の高い業務に振り向けることができます。また、過去データの参照が容易になり、それを意思決定に役立てることによって、プロジェクト管理の精度が向上し、より効率的で適格なコスト管理の実現が期待できます。

　さらに、このような統合システムの導入は、建設業界全体のデジタル化を促進し「古い体制」という印象が強い建設業界の印象を刷新する効果も期待できます。若手人材確保に対し、最新のテクノロジーを駆使した働き方は魅力的なアピール材料になり得ます。

　一方で、このような統合システムの導入には、いくつかの課題も存在します。たとえば、初期投資のコストや、従業員のIT技術に対する苦手意識の克服、セキュリティリスクへの対応などが挙げられます。これらの課題には、段階的な導入計画や充実した教育プログラムの提供、強固なセキュリティ対策の実装などで対応していく必要があります。

6-2 工事施工計画
デジタル化による効率性と透明性の向上

工事施工計画の現状と課題

　建設業界において、工事施工計画そして工事施工計画書は工事業務の仕様書ともいうべき、プロジェクトの基盤となる重要な要素です。本節では、工事施工計画の現在の課題を抽出、分析し、工事施工計画のDXの先に何が待ち受けているのかを考察します。

　工事施工計画および工事施工計画書は、建設プロジェクトの成功を左右する重要な要素です。これは単なる文書ではなく、プロジェクトの青写真ともいえるものです。工事施工計画、一般的には施工計画書と呼ばれるこの文書には、プロジェクトの詳細な仕様、工程表、そして具体的な施工方法が含まれています。

　施工計画書では、「何を」「どのように」「いつまでに」作るのかを明確に定義します。盛り込まれる内容は以下の通りです。

- **仕様書：建物の構造、使用材料、品質基準などの詳細な仕様**
- **工程表：プロジェクトの各段階とそのタイムライン（ガントチャート形式）**
- **施工方法：具体的な作業手順、使用機器、安全対策など**

　これらの要素は、プロジェクトの規模や性質、発注者の要求によって変わる場合があります。たとえば、公共工事の場合、発注者である官公庁から特定の仕様が指定されることもあります。

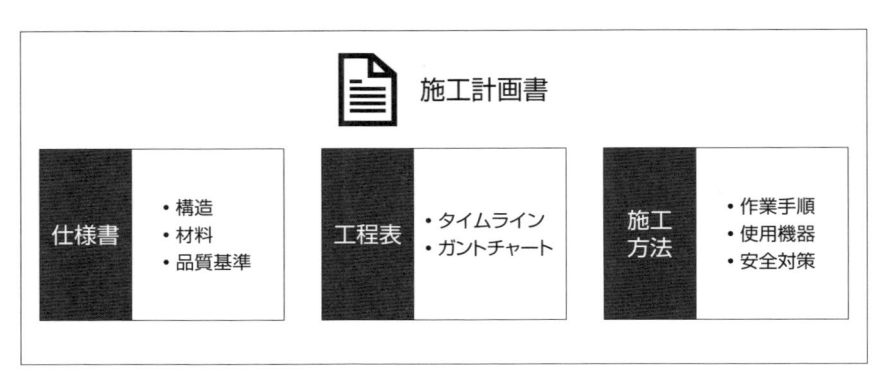

◆施工計画書の主要な構成要素

　しかし、統合された業務システムの導入がまだあまり進んでいない建設業界の状況を背景に、現状の工事施工計画には多くの課題が存在します。たとえば施工計画書は現在ではPDFなどのデジタル形式で保存されます。しかし、これらのファイルは多くの場合、個別パッケージで作成され、独立したクラウドストレージ上に保存されています。そのため、工事管理システムなどの他のシステムとの連携が困難で、**情報の統合や横断的な分析**が難しくなっています。

　また、工事の進行に伴い施工計画は頻繁に更新される必要があります。しかし、独立したパッケージシステムを寄せ集めた現状の業務の流れでは、**更新された情報を迅速に全関係者に共有すること**が難しく、現場と事務所、または異なる部門間で情報の齟齬が生じる可能性があります。

　業務ごとに単独のパッケージシステムを採用していることや、Excelまたは紙での業務が混在している現状では、過去のプロジェクトの施工計画書を**効率的に検索し、参照すること**も困難です。これでは、新規プロジェクトの計画立案時に過去の経験や知見を活かしにくく、大きなロスを生み出しています。

　紙やExcelの管理が混在している点に関連していえば、現場作業員がスマートフォンやタブレットで簡単に最新の施工計画を確認できる環境が整っていないという課題も挙げられます。これにより現場での迅速な情報確認や判断が阻害されています。

　その他、施工計画書には機密性の高い情報が含まれることが多いですが、作成したPDFファイルが無造作に共有ストレージに保存されているなど、適切なアクセス管理や暗号化が行われていないケースも見られます。これは建設業界の平均的なITリテラシーの不足が引き起こしている事態ですが、そのせいで**情報漏洩のリスク**を高めています。

　さらに、施工計画書の作成や更新、承認プロセスの多くは**手作業で行われており、時間と労力を要しています**。独立したパッケージシステム同士の連携ができておらず、あるシステムで作成されたデータを手作業で別のシステムへ入力するなどの状況も課題です。それにより、人為的ミスのリスクも高くなっています。

　これらの課題は、建設プロジェクトの効率性と品質に直接影響を与えています。

システム統合による工事施工計画の最適化

　前述の各種課題を解決し、工事施工計画のプロセスを最適化するためには、次に挙げるシステム統合によるアプローチが効果的です。

● クラウドベースの統合プラットフォームの構築

　施工計画書を含むすべてのプロジェクト関連文書を一元管理できるクラウドベースのプラットフォームを構築します。このプラットフォームには、リアルタイムの更新と同期を行う機能やデータの正当性を担保するためのファイル更新権限の管理機能、バージョン管理機能、自動バックアップ機能などが求められます。これにより情報の分断をなくし、常に最新の情報を全関係者が共有できる環境を整えることができます。

● 工事管理システムとの完全統合

　単独システムとして稼働している施工計画書の管理システムを、工事管理システムと統合します。これにより、番号管理による横断的な情報検索や工程表と実際の進捗状況の自動比較、原価管理との連動による予算管理の効率化を実現できます。

● AI搭載の高度な検索機能の実装

　自然言語処理とメタデータ解析を組み合わせた、高度かつ誰にでも使いやすい検索エンジンを実装します。これにより、過去のプロジェクトの施工計画書から必要な情報を素早く抽出し、新規プロジェクトの計画立案に活用できます。

● モバイルファーストの設計

　現場作業員がスマートフォンやタブレットで簡単に最新の施工計画を確認できるモバイルアプリケーションを開発します。このアプリケーションには、オフライン閲覧モードやプッシュ通知による更新情報の配信機能を実装することで、より利便性を高めることができます。

● ブロックチェーン技術の活用

　施工計画書の承認プロセスや重要な更新履歴をブロックチェーンに記録することで、改ざん防止と監査証跡確保を実現します。これによりセキュリティと信頼性が向上します。

● AI支援による施工計画書作成の自動化

　過去のプロジェクトデータと現在の要件を基に、AIが施工計画書の雛形を自動生成する機能を実装します。これにより計画立案の時間を大幅に短縮し、人為的ミスを減少させることができます。

● デジタル署名と電子承認フローの導入

　施工計画書の承認プロセスを完全にデジタル化します。これにより、承認の迅速化と承認状況の可視化と共有が実現します。

クラウドベース統合プラットフォーム

リアルタイム更新・バージョン管理

工事管理システムとの統合	AIの自然言語処理による高度な検索	現場からのモバイルアクセス対応
ブロックチェーン技術によるセキュリティ・信頼性の向上	AI支援による施工計画書の生成	デジタル署名と電子承認機能

◆システム統合による工事施工計画の最適化

　このようなシステム統合アプローチを実装することで、工事施工計画のプロセスが抱えている課題の解決が前進するでしょう。情報の一元管理とリアルタイム共有により、全関係者が常に最新の情報にアクセスできるようになり、さらにAIとデータ分析の活用により、過去の経験を効果的に新規プロジェクトに活かすことが可能になります。モバイル対応の推進では、現場での情報活用が飛躍的に向上します。これは作業効率の改善だけでなく、安全性の向上にも寄与します。

　セキュリティ面では、ブロックチェーン技術と高度なアクセス管理により、情報の正当性と機密性が確保されます。これは、特に機密性の高い情報を扱う大規模プロジェクトにおいて重要です。

　次項からは、これらのシステム統合アプローチが実装された場合、建設業界にどのような変革をもたらすかについて展望します。

工事施工計画のDX化がもたらす未来

　工事施工計画のDX化は、建設業界に利便性と効率化をもたらします。どのような未来が待ち受けているのか、いくつか想定してみます。

　各地の工事現場に関係者が分散して業務を行うという働き方は、建設業界の特徴のひとつです。地理的に分散した関係者が、クラウドベース

のプラットフォーム上で施工計画書をリアルタイムで共同編集できるようになれば、意思決定のスピードが大幅に向上し、プロジェクトの進行が加速します。たとえば、設計変更が生じた場合、**即座に全関係者に通知され、影響範囲の評価と対応策の検討が迅速に行える**ようになります。

　AI技術を活用すれば、**過去のプロジェクトデータから最適な工法や資材、工程を予測し、提案すること**が可能になります。これにより精度の高い施工計画が立案でき、コストの削減と品質の向上が同時に実現します。たとえば、特定の地域の条例や季節における天候リスクを考慮した最適な工程計画を自動で生成することができるようになるでしょう。

　その他、AI技術を用いて施工計画書の内容が最新の建築基準法や労働安全衛生法などの関連法令に準拠しているかを自動的に確認する機能が実現します。これにより、コンプライアンスリスクを大幅に低減できます。

　施工計画書と連動したIoTセンサーからのリアルタイムデータを分析できれば、**建設機械の故障を事前に予測し、計画的なメンテナンスを行うこと**が容易になります。これにより、突発的な機械の故障による工程の遅延を最小限に抑えることができます。

　AR/VR技術と連動した施工計画書があれば、**完成前の建造物をよりリアルな体験として提案すること**が可能になります。これにより、施主との合意形成が容易になり手戻りの減少につながります。また、安全教育にも活用でき、作業員の安全意識向上に寄与します。

　施工計画書と資材調達システムが完全に連動することで、**必要な資材を適切なタイミングで自動発注すること**が可能になります。これにより、在庫の最適化と工程遅延のリスク低減が実現します。

　プロジェクト完了後の評価結果を自動的に施工計画書にフィードバックできれば、**組織の知識が継続的に蓄積・更新**されていきます。これにより、ベテラン技術者が持つ知見を組織全体で共有・活用でき、若手人材不足に悩む建設業界が抱える**技術継承問題の解決**にも貢献します。

　また、多言語自動翻訳機能を搭載することで、**異なる言語圏の関係者間でもスムーズな情報共有と協働**が可能になります。人材不足の課題を

抱える業界の将来を見据えた場合、海外からの応援を得た多国籍人材チームでもスムーズな業務が可能になります。

　自然災害発生時にも、AIが過去の災害データと現在の施工計画を分析し、**最適な避難計画や復旧計画を即座に提案すること**が可能になります。これにより、災害時の人的・物的被害を最小限に抑えることができます。

　このように工事施工計画のDX化は、建設業界の生産性と安全性の向上、環境負荷の低減、さらには新たな価値創造につながる可能性を秘めています。

　しかし、これらの未来を現実のものにするためには、単にシステムを開発するだけでは足りません。建設業界が抱えるITへの苦手意識を克服し、紙の業務からの脱却を意識的に行う必要があります。また、セキュリティやプライバシーの観点からの慎重な検討も不可欠です。特に、ブロックチェーン技術やクラウドサービスの活用に関しては、データの所有権や管理責任の明確化が重要な課題となります。業界内でよく行われる、工程途中での現場担当者の自己判断によるデータ修正も、その業務プロセスを否定するのではなく、システム側にデータ修正の記録管理機能を持たせるなどの検討が必要になります。

　建設業界の一般的な業務プロセスをしっかりと把握し、その業務プロセスに寄り添うシステム開発を行うことこそが、工事施工計画のDX化のポイントになります。

実行予算の決定・調整

データ駆動型予算管理への進化と建設DXの実現

実行予算決定における現状と課題

　建設業界において適切な実行予算の決定と調整は、工事の成功を左右する重要な要素のひとつです。しかし、その複雑さと不確実性から、多くの企業にとっての課題にもなっています。

　本節では、実行予算の決定・調整プロセスの現状とその課題をつまびらかにし、それを解決するためのシステム的アプローチを模索します。さらに、実行予算の決定・調整プロセスのDX化がどのような未来につながるのかを考えてみます。

　まず、実行予算についての理解を深めるために、実行予算と混同されやすい概念について整理していきます。

混同されやすい概念1：基本予算

　基本予算は会社全体の予算を指し、経営計画に基づいて会計期間（通常1年）ごとに作成されます。一方、実行予算は**個々の現場や工事ごとに作成され、その内容や期限は現場の状況に応じて変化します。**

混同されやすい概念2：積算・見積原価

　積算は工事の設計図や現場条件を基に、人件費、材料費、経費などの費用を算出する過程です。これは一般的に「見積原価」と呼ばれ、公共建築工事積算基準や建設物価データを参照して作成されることが多いです。見積りは、この積算結果に自社の利益を加えて依頼主に提案する金額を算出するプロセスです。

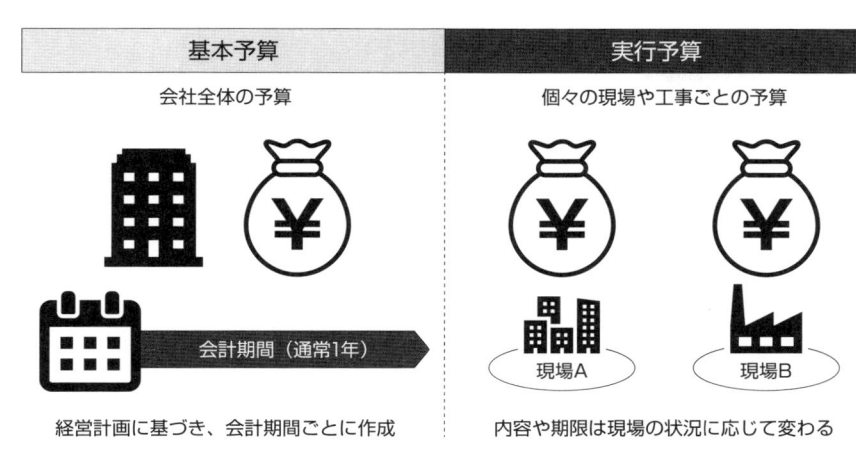

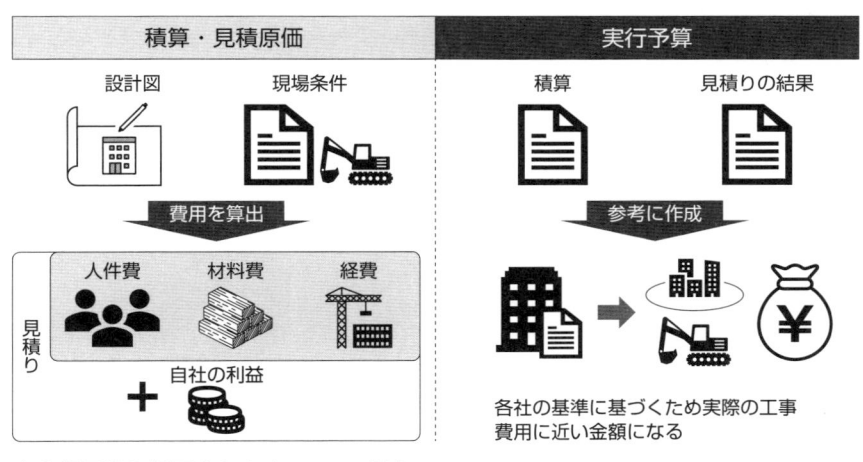

◆実行予算と混同されやすい2つの概念

　実行予算はこれらの積算と見積りの結果を参考にしつつ、より現実的な工事費用を見込んで作成されます。実行予算は各社の基準に基づき作成されるため、**実際の工事費用により近い金額となる**点が特徴です。

　それでは、実行予算の決定プロセスについて見ていきます。このプロセスは入札前の段階で行われるのが一般的です。

STEP1：設計図書の確認または施工計画書の作成
STEP2：協力業者への見積依頼

STEP3：積算作業の実施
STEP4：間接費の計上
STEP5：目標利益の設定
STEP6：社内会議での承認

　一見シンプルに見えるこのプロセスにも、いくつかの課題が存在します。そのひとつが、**積算作業の複雑さ**です。建設工事は現場ごとに条件が異なるため、正確な積算には高度な専門知識と経験が必要です。また、協力業者からの見積りを適切に評価し、組み込むことも重要です。

　間接費の配分方法も大きな課題となっています。本社経費や共通仮設費などの間接費を各工事にどのように配分するか、明確な基準がないケースが多く、工事の規模や性質に応じた適切な配分が困難です。また、市場動向や競合状況の変化も予算に反映する必要がありますが、情報収集や分析の手法が確立されておらず、競争力のある予算設定の妨げとなっています。

　ツールの限界という課題もあります。多くの企業では実行予算を作成する際にExcelを使用していますが、大規模な工事や複雑な条件下では、Excelの機能だけでは十分な管理が難しいのが実情です。特に、データの一元管理や過去の実績との比較、リアルタイムな更新などの面で課題があります。

　さらに**予算の精度と柔軟性のバランス**も重要な課題です。厳密すぎる予算は現場の柔軟な対応を阻害する可能性がある一方、緩すぎる予算はコスト管理を困難にします。適切なバランスをとるために、現時点では経験と勘に頼る部分が大きく、業務知識の継承が課題になっています。

　そして、**実行予算の決定後の管理と調整**にも課題があります。工事の進行に伴い予期せぬ状況変化や追加工事などが発生した場合、迅速かつ適切に実行予算を調整する必要があります。しかし、現状のシステムではこのような動的な調整を効率的に行うことが難しいケースが多いです。

　これらの課題は、建設業界の生産性向上や利益率改善の障壁となっています。

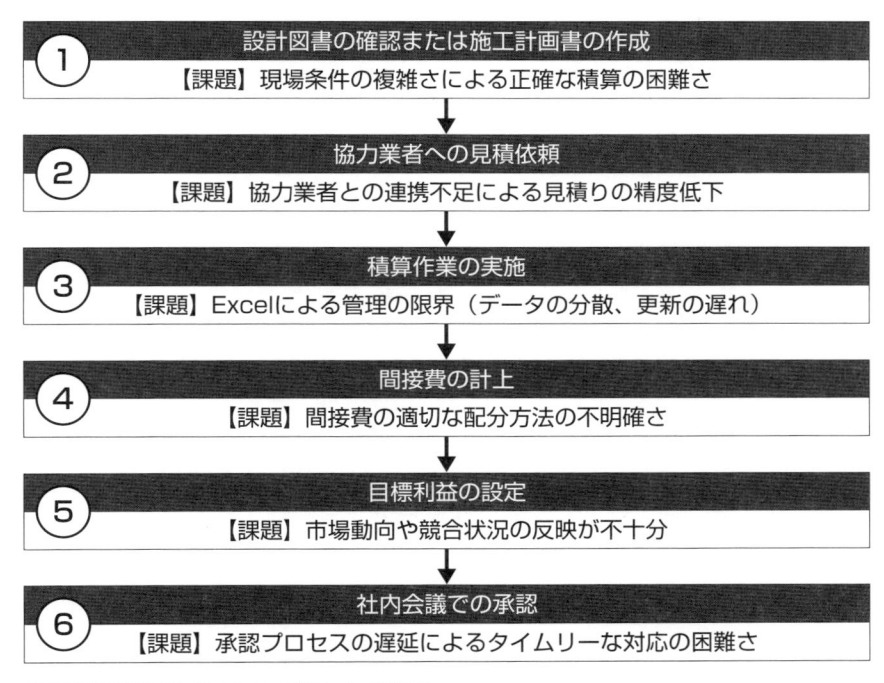

◆実行予算決定プロセスの流れと課題点

システムによる予算決定プロセスの最適化

　ここでは、実行予算の決定・調整プロセスを最適化し、課題を解決するためのシステム的アプローチについて触れます。

● クラウドベースの統合管理システム

　実行予算の作成から管理、調整まで一貫して行えるクラウドベースの統合管理システムを構築することが重要です。

　このシステムには、**リアルタイムデータ更新と共有機能**が不可欠となります。これにより、現場と事務所、さらには協力業者間でもタイムラグなく情報を共有でき、迅速な意思決定が可能になります。さらに、予算の改定履歴を自動的に記録・管理するバージョン管理機能により、各時点での予算内容や変更理由を追跡でき、予算の透明性と説明責任が向

上します。また、**過去の実績データとの自動比較機能**も重要です。類似案件のデータを自動的に参照し、現在の予算との差異を分析することで、より精度の高い予算立案が実現します。

協力業者との見積連携機能も効率化に大きく貢献します。システム上で直接見積りのやり取りを行い、データを自動で取り込むことで、入力ミスの削減と作業時間の短縮が図れます。さらに、動的な予算調整機能により、工事の進行に伴う状況変化に柔軟に対応できます。たとえば、資材価格の変動や追加工事の発生時に、システムが自動で影響を計算し、予算の再配分を提案します。

また、**多段階の承認ワークフロー機能の実装**により、予算の承認プロセスを効率化し、透明性を高めることができます。各承認段階での判断基準や権限を明確に設定し、承認状況をリアルタイムで可視化することで、予算管理の質を向上させることができます。

これらの機能を統合的に活用することで、実行予算の精度向上と管理効率の大幅な改善が期待できます。クラウドベースのシステムにすることで、現場と事務所、さらには協力業者との間でリアルタイムな情報共有が可能になります。また、モバイルデバイスからのアクセスも容易になり、現場での迅速な意思決定を支援します。

● AIを活用した積算システム

このシステムは、過去の実績データを分析し、高精度な原価予測を行うとともに、類似案件を自動的に検索・参照することで、より正確な見積りを可能にします。また、**市場価格の自動反映機能**により、常に最新の価格情報を反映した積算が実現します。さらに、**異常値の自動検出機能**によって、入力ミスや想定外の高額見積りを事前に発見し、修正することができます。

これらのAI機能により、人的ミスの削減と積算精度の大幅な向上が期待できます。加えて、**熟練技術者の知見をシステムに蓄積すること**で、若手技術者の育成や技術継承も促進されます。たとえば、熟練技術者の判断プロセスをAIが学習し、類似した状況で適切な提案を行うことで、

経験の浅い技術者でも高品質な積算が可能になります。

　このように、AIを活用した積算支援システムは、業務効率の向上だけでなく、組織全体の技術力向上にも寄与する重要なツールとなります。

● 動的予算管理システム

　工事の進行に伴う状況変化に柔軟に対応するシステムです。核となるのは、**シナリオベースの予算シミュレーション機能**です。これにより、さまざまな状況を想定した予算案を事前に検討し、最適な選択肢を迅速に選定できます。また、変更履歴の自動記録と追跡機能によって、予算の変更過程を透明化し、責任の所在を明確にすることができます。

　予算変更の影響度分析機能は、ある部分の予算変更が全体にどのような影響を与えるかを即座に算出し、意思決定をサポートします。加えて、予算超過リスクの早期警告を行うアラート機能により、問題が深刻化する前に適切な対策を講じることが可能になります。

　これらの機能を統合した動的予算管理システムにより、予期せぬ状況変化や追加工事に対し迅速かつ適切な予算調整が実現します。結果として、プロジェクト全体の採算性向上とリスク管理の強化につながります。

● データ分析・可視化ツール

　実行予算の精度向上と意思決定支援に欠かせないツールです。このツールの中核となるのが**多次元データ分析機能**で、複数の要因を同時に考慮した複雑な分析が可能になります。たとえば、工事の種類、規模、地域、季節といったさまざまな要素が予算に与える影響を総合的に分析できます。また、インタラクティブなダッシュボードにより、必要な情報を即座に取得し、データをさまざまな角度から探索できます。

　予測分析機能は、過去のデータや市場動向を基に将来のコストトレンドを予測し、先を見越した予算立案を支援します。さらに、ベンチマーキング機能により、自社の実績を業界平均と比較することで、改善点を明確にし、競争力の向上にもつながります。

　これらの機能を統合したデータ分析・可視化ツールにより、経営層や

現場管理者は複雑なデータを直感的に理解し、迅速かつ適切な判断を下すことが可能になります。

● API連携とシステム統合

　API連携とシステム統合は、実行予算管理の効率化と精度向上に大きく寄与します。実行予算管理システムを会計システム、工程管理システム、資材管理システムなどの**社内システムとAPI経由で連携させること**でデータの流れがシームレスになります。これにより、データの二重入力が解消され、入力ミスのリスクが大幅に低減されます。また、予算と実績の自動突合が可能となり、差異分析が即時に行えるようになります。

　さらに、各システムのデータを統合することで総合的な原価管理が実現します。たとえば資材の発注情報、工程の進捗状況、労務費の実績などを統合的に分析することで、より精緻な原価管理が可能になります。

　このようなAPI連携とシステム統合により、建設プロジェクト全体の可視性が向上し、迅速な経営判断が可能になり、企業全体の競争力強化にもつながります。

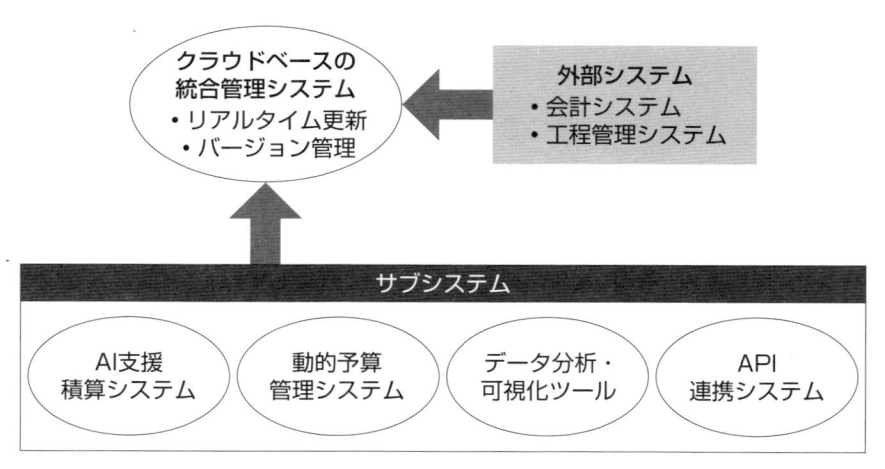

◆システム統合による実行予算管理の最適化

　これらの機能を実装したシステム開発により、実行予算の決定・調整

プロセスのDX化は大きく前進し、精度の向上、作業効率の改善、リアルタイム管理の実現、柔軟な予算調整などの利点がもたらされます。

ただし、これらのシステムを導入する際には、システム導入に伴う従業員の教育や、データ移行の計画なども慎重に検討する必要があります。特に、長年Excelで管理してきた企業では、新システムへの移行に抵抗感を持つ従業員もいる可能性があります。そのため、わかりやすいマニュアルを別途作成することや段階的な導入計画、使いやすいUI/UXの設計が重要になります。

実行予算管理の未来とシステムの役割

実行予算管理のデジタル化は、精度向上と効率化に進展をもたらします。AIとビッグデータを活用すれば、過去のプロジェクトデータや市場動向、外部要因を総合的に分析した高精度な予算策定が可能になります。これにより、予算超過リスクの低減や利益率の向上が期待できます。

クラウドベースのリアルタイム予算管理システムの導入では、予算の進捗状況を常時把握し、迅速な調整が可能になります。資材費の変動や工程の遅れなどによる影響を即座に算出し、必要に応じて予算の再配分を提案するシステムが実現するでしょう。予算管理の機動性が大幅に向上し、プロジェクト全体の採算性を最適な状態に保つことができます。

また、ブロックチェーン技術の活用により、実行予算の承認プロセスや変更履歴の管理が革新的に変わります。すべての予算関連の決定や変更がブロックチェーン上に記録されることで、透明性が向上し、監査や説明責任の面でも大きな進展が期待できます。

これらのテクノロジーを統合することにより、予算の立案から承認、実行、調整までの一連のプロセスがほぼリアルタイムで実行可能になり、プロジェクト全体の俊敏性が大幅に向上するでしょう。システム開発時の注意点としては、建設業特有の原価計算方式や、工事進行基準による収益認識など、業界特有の会計処理に対応する必要性が挙げられます。実行予算管理のデジタル化は、建設プロジェクトの採算性向上と効率化に大きく貢献する可能性を秘めているのです。

工程管理

デジタル化による効率的なスケジュール管理と情報共有の実現

工程管理とは何か？

　本節では、建設業界における工程管理の基本と、その重要性について解説します。工程管理については他のシステムとの連動性はさほど重視されず、単独システムとして軽快な動作と作業員が直感的に使用できるUI/UXデザインが求められます。まずは工程管理における工程表とはどのようなものかを解説しながら、システム化に求められることを考えます。

　建設業界における工程管理とは、材料の加工や検査、運搬など、工事にかかわるすべての作業を対象とした工事全体のスケジュールを管理し、決められた期間内に建物などを完成させるための取り組みを、適切に順序立てて実行していくプロセスです。

　その工程管理の核となるのが**工程表**です。工程表は、横軸に日程、縦軸に工事の種類や内容を配置したチャートで、工事の進行順序と期間を視覚的に表現したものです。

　たとえば、住宅建設の場合、基礎工事、柱の建設、床の施工、屋根の取り付け、内装工事、設備の設置といった順序で工事が進みます。これらの作業を**適切な順序で配置し、それぞれの開始日と終了日を明確にしたものが工程表**になります。

　工程表の作成において重要なのは、**作業の依存関係を正確に把握すること**です。たとえば、床ができていなければ内装工事を始めることはできません。また、天井と床の作業を一緒に行うなど、同じ空間で複数の作業を同時に行うことは困難です。このような制約を考慮しながら、工事全体を見渡し、最も効率的な作業順序を決定していきます。

　工程表は大きく分けて2種類あります。ひとつは**全体の大まかな流れ**

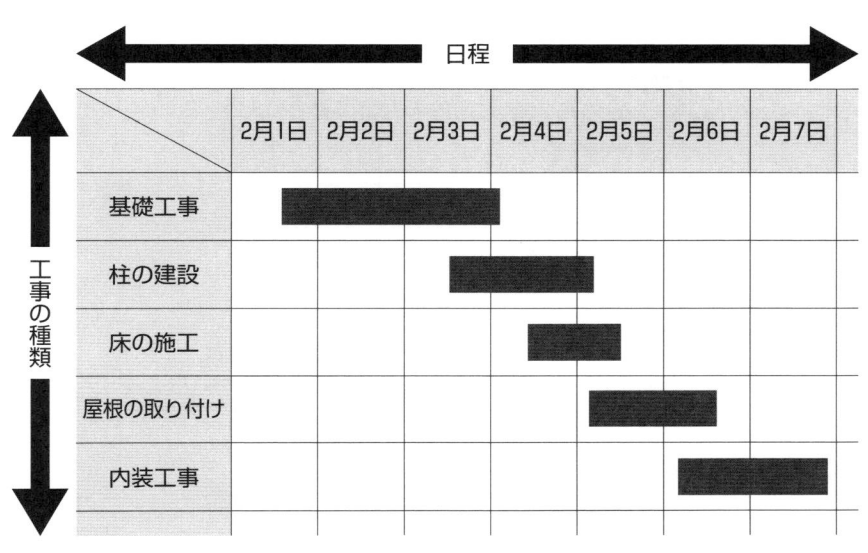

◆一般的な工程表のイメージ

を示す**「マスター工程表」**、もうひとつは**詳細な作業内容を示す「詳細工程表」**です。

　マスター工程表は、上図のように主要な工程や重要なマイルストーンを示すもので、プロジェクト全体の進捗を把握するのに適しています。一方、詳細工程表は次ページの図のように日々の作業レベルまで細かく記載されており、現場での具体的な作業指示に使用されます。

　工程管理業務とは、この詳細な作業内容を示す工程表にまで気を配り工程の管理をすることを指します。

　現在の建設業界において、工程表はPDF形式で作成・共有されることが一般的です。これらのPDFファイルはクラウドストレージサービスにアップロードされ、関係者間で共有されます。また、現場では紙に印刷された工程表が掲示され、日々の作業の進捗確認に使われています。

　工程管理のメリットには、工事の進捗状況を常に把握し、遅れを早期に発見・対処することができる、複雑な工事プロセスを視覚化することで、関係者全員が全体像を把握しやすくなる、無駄な待機時間や重複作業を減らすことができるなどがあります。また、全体の工期の短縮、潜

詳細工程表：内装工事／10月第1週

	10月1日	10月2日	10月3日	10月4日	10月5日	10月6日	10月7日
1階壁・天井	下地処理	クロス貼り	塗装工事				
2階壁・天井			下地処理	クロス貼り	塗装工事		
設備関連				照明器具取付 スイッチ・コンセント▶			
検査							中間検査

工事の種類

◆詳細工程表のイメージ

在的な問題を発見し事前にトラブルを回避できる点なども挙げられます。

工程管理は、計画（Plan）、実行（Do）、確認（Check）、改善（Action）というPDCAサイクルに基づいて行われます。工程表の作成は計画段階にあたり、現場での作業指示が実行、進捗確認が確認、そして必要に応じて工程表を修正することが改善に相当します。

このPDCAサイクルを効果的に回すことで、常に最適な工程管理を実現できます。しかし、現状では工程表の更新や共有に時間がかかり、リアルタイムでの情報反映が難しいという課題があります。

次項からは、これらの課題を解決するためのシステム化のポイントについて検討します。

工程管理のシステム化のポイント

現在の建設業界における工程管理の課題を踏まえ、システム開発の観点から改善策を提案します。工程管理のシステム化のメリットを最大化するために意識するべきポイントは次の通りです。

● リアルタイムな情報共有と更新

　これは工程管理システムにおける核心的な機能です。現状のPDFファイルの共有からクラウドベースのリアルタイム更新システムへの移行により、関係者全員が常に最新の情報を共有できるようになります。このシステムには、**クラウドストレージ機能**が不可欠です。これにより、最新の工程表が常時アクセス可能な状態で保存され、場所や時間を問わず必要な情報を取得できます。

　他に求められる機能として、**権限管理機能**があります。編集権限を持つユーザーを適切に管理することで、情報の正確性と信頼性を担保します。たとえば、現場監督のみが工程表を編集でき、作業員は閲覧のみ可能といった設定が可能になります。

　さらに、**更新通知機能**により、工程表が更新された際に関係者へ自動的に通知が送られます。これにより、重要な変更を見逃すリスクが大幅に軽減され、全員が常に最新の情報を基に行動できるようになります。これらの機能を統合することで、情報の即時性と正確性が向上し、プロジェクト全体の効率が大幅に改善されます。

● バージョン管理と更新履歴の追跡

　これは工程管理システムの信頼性と透明性を確保する上で極めて重要な機能です。この機能により、工程表の変更履歴を詳細に管理し、いつ、誰が、どのような変更を行ったかを正確に追跡できます。たとえば、ある工程の期間が延長された場合、誰がいつ決定を下し、どのような理由があったのかを後から確認できます。

　また、この機能は問題発生時の原因究明や責任の所在の明確化にも役立ちます。たとえば、工期の遅延が生じた際に、どの時点でどのような変更が行われたかを追跡することで、遅延の原因を特定し、再発防止策を講じることができます。複数の変更案を並行して検討する際にも、各案の比較や最適案の選択が容易になります。

　さらに、この機能は監査や品質管理の観点からも重要です。プロジェクトの透明性が向上し、必要に応じて過去の意思決定プロセスを検証す

ることができます。これにより、プロジェクト管理の質が向上し、顧客や関係者との信頼関係強化にもつながります。

● 直感的なUI/UX設計

システムに不慣れな作業員でも容易に操作できるよう、直感的なインターフェースの設計が求められます。たとえば、ドラッグ＆ドロップ機能の実装により、工程の移動や期間の変更を視覚的かつ簡単に行えるようになります。これにより複雑な操作を覚える必要がなく、直感的に工程表を編集できます。カラーコーディングを用いて工程の進捗状況や重要度を表現することで全体の状況も把握しやすくなります。

・モバイル対応

現場作業員がスマートフォンなどで簡単に最新の工程表を確認できるよう、モバイルフレンドリーな設計が重要です。レスポンシブデザインを採用すれば、デバイスの画面サイズに応じた最適な表示が可能になります。これによりスマートフォンの小さな画面でも工程表の全体像を把握しやすくなり、適宜情報にアクセスできます。

一方、**ネイティブアプリケーションの開発**も検討に値します。オフライン機能やプッシュ通知など、デバイスの機能を最大限に活用できるためです。

● 出力機能の充実

必要に応じて紙やPDFでの出力が簡単にできる機能が求められます。特に有用なのは、**ボタンひとつで目的に応じた出力ができる機能**です。たとえば、現場掲示用の大判印刷では、遠くからでも見やすい文字サイズや色使いで自動的にレイアウトを調整し、A1サイズなどの大判用紙に最適化して出力できます。一方、会議用の資料作成では、A4サイズに適したレイアウトで重要なポイントを強調し、必要に応じて詳細な注釈を付けた資料を自動生成できます。出力機能の充実は、デジタル化と従来の紙ベースの作業の橋渡しとなる重要な要素です。

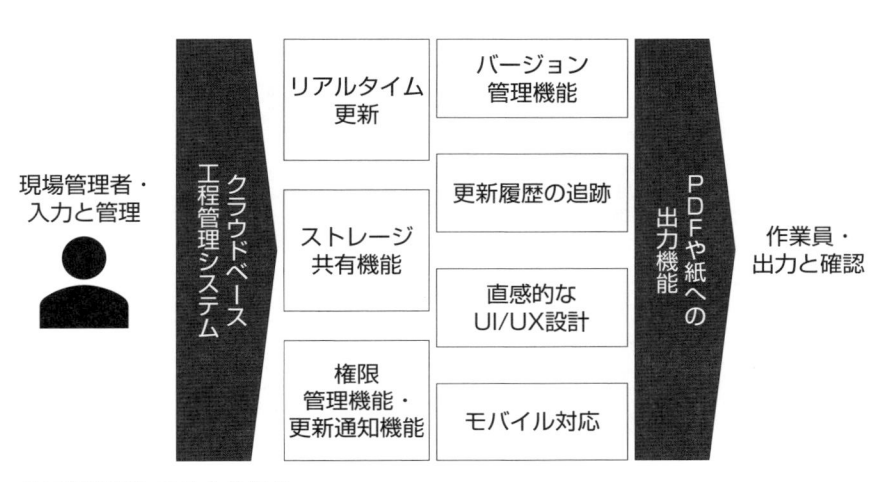

◆**工程管理システムの概念**

　これらの機能を統合した工程管理システムによって、リアルタイムな情報共有による意思決定の迅速化や人為的ミスの減少、作業効率の向上が期待できます。過去の類似工程データを活用すれば工程表作成時間を短縮でき、モバイル対応を可能にすることで現場での即時対応力を向上させることもできるでしょう。

　ただし、システム開発では注意しなければならないこともあります。機密性の高い工事情報を扱うため、適切なセキュリティ対策は不可欠です。新システムの導入に伴う、適切な教育・訓練プログラムを用意する必要もあるでしょう。また、一度にすべての機能を導入するのではなく、段階的に機能を追加することでユーザーが受け入れやすくなる可能性もあります。導入時は操作方法の丁寧なレクチャーはもちろん、紙の作業を脱却する利点を改めて現場に理解してもらうことが、工程管理DX化のポイントになります。

予実管理

建設プロジェクトの財務管理を支えるシステム開発の要点

建設業における予実管理の基本

　建設業における予実管理とは、「予定」と「実績」を比較・分析し、プロジェクトの財務状況を管理・監視する手法のことです。建設業では、工事の規模が大きく、長期にわたることが多いため、予実管理の重要性が特に高くなります。プロジェクトの進行に伴い、予算と実績の差異を把握し、費用の逸脱や問題点を早期に発見することが目的です。

　建設業の予実管理では、「既決」「未決」「既払い」「未払い」という4つの概念があります。これらの概念を理解することで、プロジェクトの財務状況をより正確に把握できるため、きちんと押さえておきましょう。

①**既決：既に決定している支出や契約**
②**未決：まだ決定していない支出や契約**
③**既払い：既に支払いが完了している金額**
④**未払い：支払いが完了していない金額**

　これらの組み合わせにより、次のような状況を把握できます。

- **既決既払い：契約が決定し、支払いも完了している状態**
- **既決未払い：契約は決定しているが、支払いが完了していない状態**
- **未決未払い：契約が決定しておらず支払いも発生していない状態**

　注意すべき点として、「未決既払い」は通常発生しません。これは、**支払いが行われた時点で、その金額は既決となるため**です。

　システム開発の観点からは、これらの概念を正確に反映し、各状態を

適切に管理できるデータ構造とユーザーインターフェースの設計が求められます。たとえば、契約の状態と支払いの状態を別々に管理し、それらを組み合わせて表示する機能が必要となるでしょう。

また、建設業の予実管理では、**外部要因による変動の影響を受けやすい**という特徴があります。原材料価格の変動、天候条件、法規制の変更などが予算と実績に影響を与え、予実管理の正確性を損なう可能性があります。システム開発においては、これらの外部要因を考慮し、柔軟に対応できる設計が求められます。たとえば、原材料価格の変動を反映させやすいデータ構造や、天候による工期の変更を簡単に入力できるインターフェースなどが考えられます。

予実管理は、適切な経営判断を下すため、数値目標の設定や見直しに活用し利益を確保するため、工期を守り無駄なコストを減らすため、そして品質を確保するために重要です。システム開発者は、これらの目的を達成するために、リアルタイムでデータを更新し、さまざまな角度から分析できる機能を実装することが求められます。

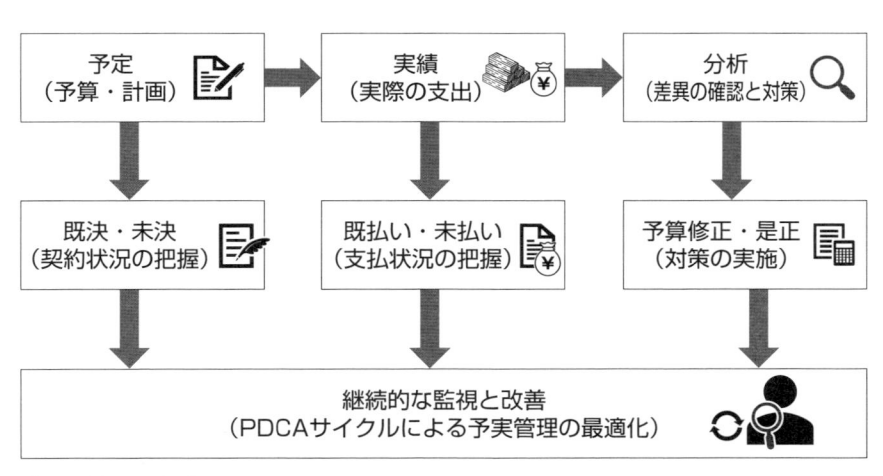

◆予実管理の概念

予実管理表の構成と活用方法

　予実管理表は、建設プロジェクトの財務状況を可視化し、効果的な管理を可能にする重要なツールです。予実管理表の基本構造は、縦軸（列）と横軸（行）で構成されています。それぞれどのような項目が記載されるかを下図にまとめました。

	実行予算	契約金額	既払い	未払い	今月の支払い	残所要金(残予算)
業者A(基礎工事)						
業者B(基礎工事)						
人件費						
事務所家賃						

◆予実管理表の構成例

　これらの項目を組み合わせることで、各業者や費用項目ごとの予算と実績の状況を詳細に把握することができます。

　システム開発の観点からは、この構造を柔軟にカスタマイズできるデータモデルの設計が重要です。たとえば、業者や費用項目を動的に追加・削除できる機能や、横軸の項目をユーザーのニーズに応じて変更できる機能などが考えられます。

　実際の予算管理の流れを、具体例を通して見てみましょう。たとえば、業者Aに基礎工事を1,000万円で発注した場合を考えてみます。

- **契約時：実行予算1,000万円、契約金額1,000万円（既決未払い）**
- **600万円支払後：既払い600万円、未払い400万円**
- **今月の請求100万円：今月の支払い100万円**
- **残所要金の確認：300万円**

　このように、**各段階での金額の変動を追跡することで、プロジェクトの財務状況を詳細に把握する**ことができます。システム開発においては、これらの変動を自動的に計算し、リアルタイムで反映する機能が重要で

す。たとえば、新しい支払いデータが入力されると、即座に既払い額と未払い額を更新し、残所要金を再計算する機能が求められます。

また、予実管理表と密接に関連する概念に**出来高**と**出来形**があります。

出来高：工事の進捗に応じた請負代金相当額
出来形：実際に完成した工事の割合

出来高は、**原価の支払比率を請負金額にかけて算出します**。たとえば、100億円の工事で原価が80億円の場合、40億円支払った時点での出来高は50億円となります。一方、出来形は**物理的な完成度**を表し、たとえば100mの道路工事で60m完成した場合、出来形は60%となります。

システム開発時は、これらの概念を予実管理表に組み込み、自動計算や視覚化する機能を実装することで、作業効率を向上させることができます。たとえば、支払金額を入力すると自動的に出来高が計算される機能や、出来形を視覚的に表示するダッシュボードが考えられます。

◆予実管理表の一例

	実行予算	契約金額	既払い	未払い	今月の支払い	残所要金
業者A（基礎）	1,000万円	1,000万円	600万円	400万円	100万円	300万円
業者B（内装）	1,500万円	1,400万円	800万円	600万円	200万円	400万円
人件費	500万円	－	300万円	－	50万円	150万円
事務所家賃	120万円	120万円	60万円	60万円	10万円	50万円
合計	3,120万円	2,520万円	1,760万円	1,060万円	360万円	900万円

予実管理システム開発の課題と展望

現在の建設業界では、予実管理はExcelを主体とした管理方法が一般的です。しかし、この方法には多くの課題があり、効率的かつ正確な予実管理を実現するためには、統合システムの開発が急務となっています。

Excelベースの予実管理の主な課題は次の通りです。

- 手動入力によるヒューマンエラーのリスクが高い
- データの更新に時間がかかり、最新の状況把握が困難
- 経理、人事、現場など、各部門のデータが分散しており統合が困難
- 高度な分析やレポート作成に制限がある
- Excelファイルの共有や保管におけるセキュリティ上の懸念

　これらの課題を解決するために、統合システムの開発が待ち望まれています。統合システム開発の主なポイントは次の通りです。

• リアルタイムデータ更新

　各部門のデータをリアルタイムで反映し、最新の状況を常に把握できるようにします。たとえば、現場で発生した支払いや契約変更が即座に反映され、経理部門や管理部門がリアルタイムでプロジェクトの財務状況を確認できるようになります。これにより、予算超過のリスクを早期に発見し、迅速な対応が可能となります。

• データの一元管理

　経理、人事、資材管理、現場管理などの業務システムと統合プラットフォーム上のデータベースをシームレスに連携させます。この中央データベースでは計算エンジンによる自動処理を行い、分析結果をリアルタイムダッシュボードやレポートとして出力します。さらに、モバイルアプリやWebインターフェース、IoTデバイスからのデータ入力にも対応し、情報の一元管理を実現します。たとえば、人事システムの労務データと経理システムの支払いデータを統合することで、より正確な人件費管理が実現します。また、資材の発注データと支払いデータを連携させることで、資材コストの管理精度が向上します。

• 自動計算機能

　出来高、出来形などの計算を自動化し、人的ミスを減らします。たと

えば、日々の進捗データや支払いデータを基に、システムが自動的に出来高を計算し、予定との差異を表示します。これにより、プロジェクトの進捗状況をより正確に把握でき、遅延や予算超過のリスクを早期に特定することができます。

● 柔軟なレポート機能

多様な分析やレポート作成を可能にします。たとえばプロジェクトの種類、規模、地域などのあらゆる切り口でデータを分析し、カスタマイズできるダッシュボードを提供します。経営層や現場管理者が必要な情報を迅速に取得し、意思決定を行うことができます。

● セキュリティ強化

データアクセス権限の詳細設定や暗号化などのセキュリティ機能を実装します。たとえば、役職や部署ごとにアクセス権限を設定し、機密性の高い財務データや個人情報を保護します。また、データの暗号化やアクセスログを記録して情報漏洩のリスクを抑えます。

● モバイル対応

現場からのリアルタイムデータ入力を可能にする、モバイルアプリケーションを開発します。これにより、現場監督や作業員がスマートフォンやタブレットを使って、進捗状況や作業時間をその場で入力できるようになります。GPS機能と連携することで位置情報付きの報告も可能になり、正確で詳細な現場管理が実現します。

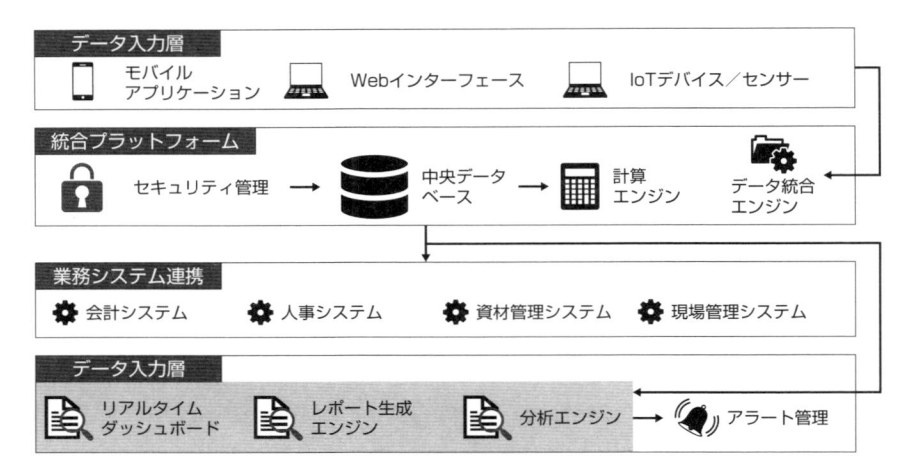

◆予実管理統合システムのアーキテクチャの概念

　このようなポイントをクリアした統合システムを開発することにより、次のような効果が期待されます。

- **データ入力や集計作業の自動化による作業時間の大幅な削減**
- **リアルタイムデータに基づく意思決定の迅速化**
- **無駄な支出の早期発見や、より正確な予算管理によるコスト削減**
- **問題の早期発見と対応が可能になり、プロジェクトリスクを低減**
- **自動化によりヒューマンエラーが減少**
- **関係者間でのリアルタイムな情報共有が可能になり、透明性が向上**

　たとえば統合システムによる正確な予実管理が実現すれば、プロジェクトの採算性が向上し、業界全体の収益性改善につながる可能性があります。また、現在は工事台帳や複数の単独システムから予実管理を行うExcelファイルへのデータ転記を手作業で行っており、常にヒューマンエラーのリスクを抱えた状態に陥っていますが、統合システムになればそのリスクをほぼゼロにすることができます。この効率化と正確性を両立する統合システムの登場が予実管理の現場では待ち望まれています。

第 7 章

会計実務と
工事管理システム

会計管理での
工事施工の取り扱い
効率的な財務管理を実現するシステム開発の指針

工事施工と会計管理の連携における現状の課題

建設業界における工事施工と会計管理の連携は、企業の財務健全性と業務効率化に直結する重要な領域です。しかし、多くの建設企業では、いまだにこの連携が十分に最適化されていません。人材不足がますます進む中、会計管理業務の効率を劇的に向上させることが急務となっています。そこで本章では、工事施工と会計管理の連携における現状と課題を詳細に分析し、それらを解決するための効果的なシステム開発のアプローチについて探っていきます。

会計管理の問題解決に着手するためには、まず工事施工における主な資金の流れを理解することが重要です。

建設業では、基本的に**発注者（クライアント）、ゼネコン（建設会社）、協力会社（下請業者）の3者間で資金が循環します**。具体的な流れは以下のようになります。

STEP1：発注者とゼネコンが工事請負契約を締結
STEP2：ゼネコンが協力会社と工事下請契約を締結
STEP3：工事の進捗に応じてゼネコンが発注者に請求し、入金を受ける
STEP4：協力会社がゼネコンに請求し、ゼネコンが支払いを行う

このプロセスの各段階で、契約、請求、入金、支払いなどの会計処理が発生します。さらに、社内での経費（人件費、交通費など）も考慮する必要があります。

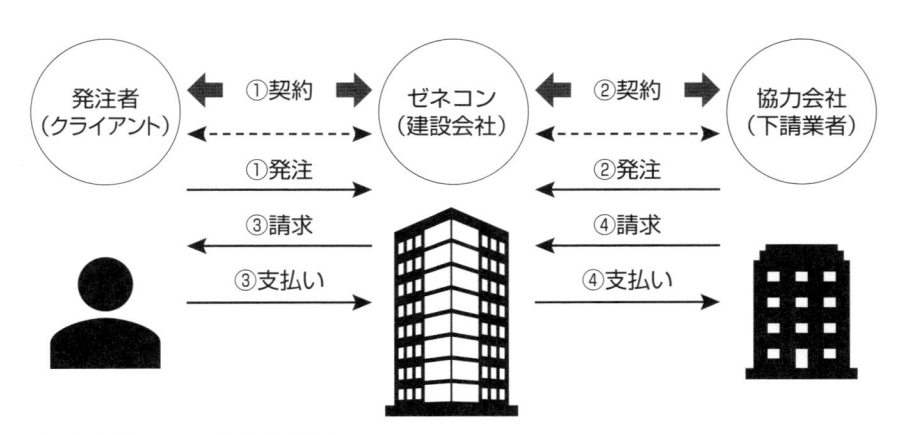

◆**工事施工における資金の流れ**

　現状では、これらの処理を管理するためのシステムやワークフローは存在していますが、多くの企業で以下のような課題が見られます。

　まずは、**システムの分断**です。工事管理システムと会計システムが別々の単独パッケージソフトなどで運用されているケースが多く、データの連携が不十分です。この状況では複数のシステムで異なるデータが存在することになり、どのデータが最新かつ正確なものであるかの判断が困難になっています。

　次に、**リアルタイム性の欠如**です。システムの分断により、工事の進捗状況と財務状況をリアルタイムで把握することが困難です。データ更新の遅延が発生し、古いデータに基づいて意思決定を行うリスクが生じています。これにより、迅速な意思決定や問題対応が阻害されています。

　また、手動での入力や複数システムの利用により、**データの不整合**が発生するリスクが高くなっています。これは正確な財務報告や工事原価管理を困難にし、データの確認・修正作業に多大な時間を要する原因となっています。

　さらに、複数のシステムを並行利用することで、アクセス権限の管理が複雑化しています。各システムで個別に権限設定が必要となり、セキュリティ管理の負担が増大するとともに、必要なデータへのアクセスに時間がかかるなどの非効率が生じています。

こうしたシステムの分断や手動作業の多さにより、**業務効率も低下**しています。たとえば、月次決算や工事別損益計算に多くの時間を要しています。効率化のためにデジタル活用を試みても、既存の汎用的なパッケージソフトでは、建設業界特有の会計処理（例：工事進行基準）に対応しきれていないケースがあります。

　他にも、複数のシステムを使用することで、データの**セキュリティリスク**が高まっています。特に、Excelなどのローカルファイルでの管理は、データ漏洩や損失のリスクを増大させています。

◆工事施工と会計管理の連携における課題とその影響

主要課題	具体的な問題点	ビジネスへの影響
システムの分断	・工事管理システムと会計システムの個別運用 ・手動でのデータ移行必要 ・二重入力作業の発生	・作業効率の低下 ・人的リソースの無駄遣い ・入力ミスのリスク増大
リアルタイム性の欠如	・工事進捗状況の即時把握困難 ・財務状況の即時把握困難 ・システム間のデータ同期の遅延	・意思決定の遅延 ・問題対応の遅れ ・プロジェクト管理の非効率化
データの不整合	・複数システムでの異なるデータ存在 ・データ更新の遅延	・財務報告の信頼性低下 ・工事原価管理の困難化 ・経営判断の精度低下
業務効率の低下	・手動作業の増加 ・システム間連携の手間 ・データ確認・修正の必要性	・月次決算の長期化 ・工事別損益計算の遅延 ・業務コストの増加
柔軟性の不足	・建設業特有の会計処理への対応限界 ・カスタマイズの困難さ ・業界標準への適応遅れ	・工事進行基準対応の限界 ・業務プロセスの非効率化 ・競争力の低下
セキュリティリスク	・ローカルファイルでの作業 ・アクセス管理の複雑化	・データ漏洩リスクの増大 ・データ損失の可能性 ・コンプライアンス上の問題

　これらの課題は建設業界のDXを推進する上で大きな障壁となっており、年々働き手が減少し続ける中、作業効率アップが喫緊の課題です。

　次項では、これらの課題を解決するためのシステム開発のアプローチについて詳しく見ていきます。

システムを活用した工事施工の会計処理の最適化

　前述した課題を解決し、工事施工と会計管理の連携を最適化するため

には、統合的なシステム開発が不可欠です。システム開発に着手する際に考慮すべき重要なポイントとメリットについて詳しく見ていきます。

● 統合システムの設計

　業務効率化には、工事管理と会計管理を統合したシステムを設計することが、最も効果的なアプローチです。このシステムでは、工事契約管理から発注・仕入管理、工事進捗管理、財務会計処理、請求・入金管理、支払管理、工事原価集計、財務諸表作成など、会計管理に必要な全機能を一元的に管理できます。さらに、AIを活用したデータ分析機能により、将来的な予測分析や原価最適化、リスク分析も可能となり、より戦略的な意思決定を支援します。

　これらの機能を統合することで、情報の整合性を保つことができるようになります。また、一度入力したデータが各機能で共有されるため、二重入力や手動での転記作業が大幅に削減されます。工事の進捗や財務状況もリアルタイムで反映されるため、迅速な意思決定を行うことにつながります。同時に、承認フローや会計処理の自動化により作業時間が短縮され、人為的ミスも低減します。

● リアルタイムデータ連携

　リアルタイムでデータを更新し、各部門間で最新情報を共有できるようにします。たとえば、現場で入力された工事進捗データが即座に会計システムに反映され、工事進行基準に基づいた売上計上が自動的に行われるようにします。

● 柔軟な会計処理対応

　建設業特有の会計処理に柔軟に対応できるシステム設計が重要です。特に、**工事進行基準と工事完成基準の両方や部分引渡しに対応した収益認識、工事共通費の適切な配賦、工事間の相殺処理**などの点に注意が必要です。なぜなら、これらの処理方法は工事の規模や期間、契約条件によって適用が異なり、会社の財務状況に大きな影響を与えるからです。

たとえば、工事進行基準は長期にわたる大規模工事で多く採用され、工事の進捗に応じて収益を認識します。一方、工事完成基準は比較的短期の工事で用いられ、工事完了時に一括で収益を認識します。システムがこの両方に対応することで、さまざまな工事形態に柔軟に対処でき、正確な収益認識が可能となります。

　部分引渡しへの対応も重要なポイントです。大規模工事では、完成した部分から順次引き渡すケースがあり、それに応じた収益認識が必要となります。また、複数の工事で発生する共通費の適切な配賦は、各工事の正確な原価把握に不可欠です。さらに、工事間の相殺処理に対応することで、複数の工事間での費用や収益の調整が可能となり、より実態に即した会計処理ができます。

● レポーティング機能の充実

　経営者や現場責任者が必要な情報をすぐに取得できるよう、**カスタマイズ可能なレポーティング機能を実装すること**が重要です。この機能により、ユーザーは自身のニーズに合わせて柔軟にレポートの内容や形式を調整できます。たとえば、特定の工事プロジェクトの損益状況や進捗率、全社的なキャッシュフロー予測、各工事の原価率分析などを、必要なときに必要な形式で即座に生成することが可能になります。

　カスタマイズ可能な要素としては、データの選択（特定の期間や工事プロジェクト）、表示形式（表やグラフの種類）、集計方法（日次、月次、累計）、比較対象（前年同期や予算との比較）などが挙げられます。これにより、経営者は全社的な傾向を把握しつつ、特定のプロジェクトの詳細にもすぐアクセスできます。同時に現場責任者は自身が管理する工事の状況を多角的に分析し、迅速な意思決定や問題解決に活用できます。

● モバイル対応

　現場でのデータ入力や承認作業をスムーズに行えるよう、モバイルデバイスに対応したインターフェースを開発します。これにより、リアルタイムでの情報更新と意思決定のスピードアップが可能となります。

● **セキュリティ強化**

　データの一元管理に伴い、セキュリティ対策も強化します。具体的にはアクセス権限制御やデータの暗号化、監査ログの記録、多要素認証の導入などの対策を講じます。

● **API連携**

　社内の他の業務システムとのAPI連携を可能にすることで、さらなる業務効率化と情報の一元管理を実現できます。たとえば、人事システムとの連携により、工事現場への人員配置や労務費の計算を自動化し、より正確な原価管理が可能になります。また、資材管理システムとの連携では在庫状況をリアルタイムで把握し、適切な発注タイミングや数量の決定に役立てられます。この連携により、データの二重入力や転記ミスを防ぎ、各部門間での情報共有がスムーズになります。

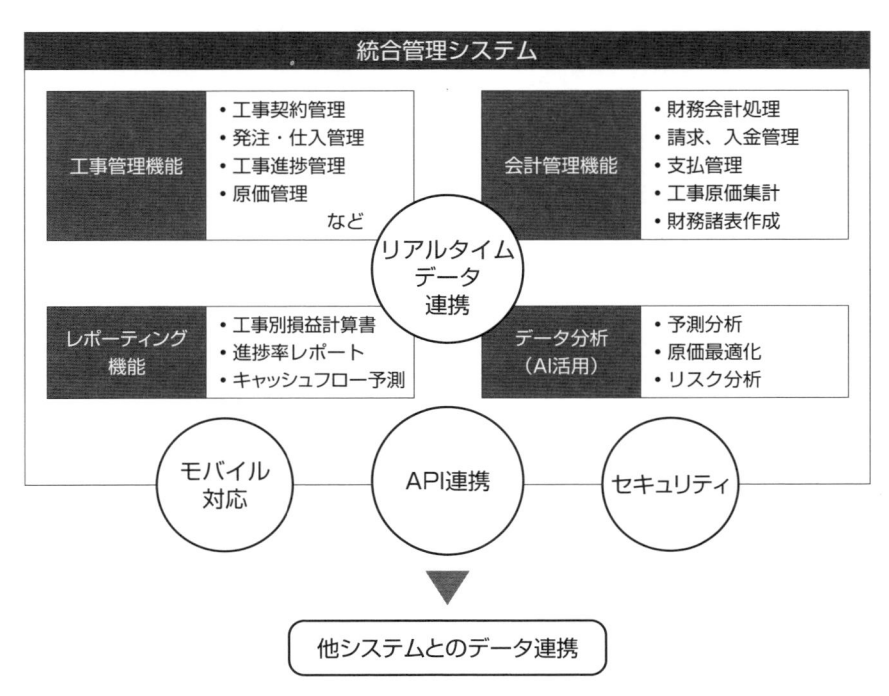

◆**統合システムの概念**

このような統合システムの開発・導入により、手動作業や二重入力が削減でき、業務効率が飛躍的に向上します。たとえば、月次決算にかかる時間を50%以上削減できた事例もあります。その他、業務効率の向上は人件費や間接費の削減につながります。正確な原価管理による不要なコストの削減も見込めます。長時間労働の削減や柔軟な働き方の導入も容易になるため、建設業の2024年問題への対応策としても有効です。

　また、工事の進捗状況と財務状況をリアルタイムで把握できるため、迅速かつ的確な経営判断も可能になり、自動化された会計処理により、人為的ミスが減少し、法令遵守の徹底化も図れます。

　さらに、効率的な業務運営と正確な原価管理により、競争力のある価格設定ができるようになります。蓄積されたデータを基にAI・機械学習を活用すれば、予測分析や最適化も可能になります。たとえば、過去の工事データを基に、より精度の高い見積りや工期予測ができるようになります。

　建設業界のDX推進において、工事施工と会計管理の連携最適化は重要な課題のひとつです。効果的なシステム開発によって解決できれば、業界全体の生産性向上と競争力強化に貢献することができるでしょう。

7-2 受注・請求計上処理
建設業界の財務基盤を強化するDXの要

建設業界における受注処理の概要とその重要性

　建設業界における受注・請求計上処理は、その複雑性と特殊性ゆえに、DX化が遅れている領域でもあります。本節では、建設業界の受注処理と請求計上処理の流れを解説し、そのプロセスにおけるリスクと課題を洗い出します。その後、それらの課題に対するDXのアプローチと、DXが成功した後、受注・請求計上処理にどのような未来が待ち受けているかをまとめます。

　まず、建設業界における受注処理とは何か、ここではその流れとポイントを解説します。受注処理の基本フローは次のようになります。

STEP1：営業活動
　顧客ニーズの把握と工事内容の検討を行います。この段階では、顧客との密なコミュニケーションを通じて要望を正確に理解し、技術的な実現可能性や概算コストなども含めた初期検討を行います。効率的な提案のために、過去の類似案件のデータも参考にします。

STEP2：見積作成
　工期、工事金額、支払条件を設定します。工事の規模や複雑さ、必要な資材・人員、市場価格の動向などを総合的に考慮し、適切な見積金額を算出します。また、支払条件については完成払いや出来高払いなど、顧客のニーズに応じた柔軟な設定を検討します。

STEP3：社内稟議
　実行予算の策定と承認を行います。工事の収益性だけでなく、会社全

体のポートフォリオにおける位置づけも考慮に入れます。特に大規模案件の場合は、自社のリソース配分や資金繰りへの影響も含めて慎重に検討を行います。

STEP4：見積提出

承認された見積りを顧客に提出します。提出の際は、見積条件や工期、支払条件などの重要事項を記載し、後のトラブル防止に努めます。また、必要に応じて技術的な補足資料も添付し、顧客の理解を促進します。

STEP5：入札または契約交渉

落札または契約締結を着地点としたプロセスです。競合他社との差別化ポイントを明確にし、技術力や実績、価格競争力などを総合的にアピールします。また、契約条件の細部について綿密な協議を行い、両者にとって適切な合意形成を目指します。

STEP6：受注確定

受注内容を社内で共有します。この段階で工事部門、調達部門、財務部門など関係各部署に正式なプロジェクト開始の通知を行います。各部門は、この情報を基に具体的な実行計画の策定に着手します。

STEP7：受注報告書作成と共有

承認された見積りを顧客と共有します。報告書には工事概要、契約金額、工期、支払条件など重要事項を漏れなく記載します。この文書は、以降の工事管理や原価管理の基礎となる重要な記録として保管されます。

このフローの中で、建設業特有の複雑さが現れるのが**見積作成と社内稟議のプロセス**です。見積作成時には、工期、工事金額に加えて、支払条件（取り決め内容）を決定する必要があります。支払条件には、完成後一括払い、出来高部分払い（例：30%完了時に30%支払い）、中間払いなどがあり、これらは後の資金繰りに大きく影響します。

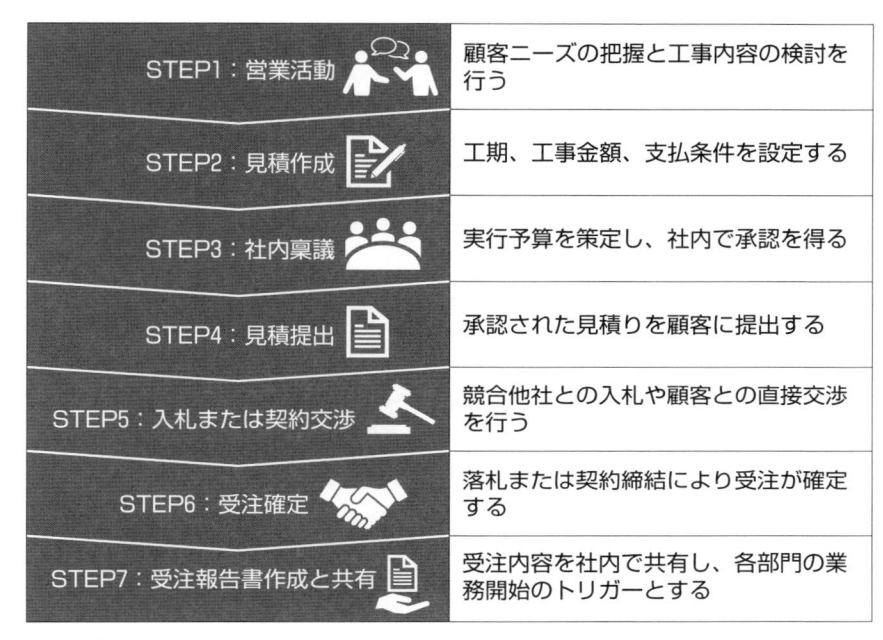

STEP1：営業活動	顧客ニーズの把握と工事内容の検討を行う
STEP2：見積作成	工期、工事金額、支払条件を設定する
STEP3：社内稟議	実行予算を策定し、社内で承認を得る
STEP4：見積提出	承認された見積りを顧客に提出する
STEP5：入札または契約交渉	競合他社との入札や顧客との直接交渉を行う
STEP6：受注確定	落札または契約締結により受注が確定する
STEP7：受注報告書作成と共有	受注内容を社内で共有し、各部門の業務開始のトリガーとする

◆**建設業界の受注処理の基本フロー**

　社内稟議では実行予算を策定し、その妥当性を検討します。ここではプロジェクトの収益性だけでなく、会社全体のポートフォリオにおける位置づけも考慮されます。場合によっては、利益率は低くても会社の実績として重要な案件であれば、将来を見据えて戦略的に受注を決定することもあります。受注が確定した後の受注報告は、社内の各部門（工事、調達、財務など）に対する正式なプロジェクト開始の通知にもなり、以降の業務計画の基礎となります。受注報告は、単なる報告以上の意味を持つのです。システム開発の観点では、この受注プロセスに対し、次の要件が求められます。

- **柔軟な見積作成機能**：多様な支払条件に対応できること
- **承認ワークフロー**：社内稟議のプロセスをデジタル化すること
- **データの一元管理**：受注情報を基に、工事管理、原価管理、財務管理などの関連システムと連携できること

受注時点での正確な情報管理は特に重視すべきです。受注時の条件（特に支払条件）は、後の請求計上処理に直接影響します。そのため、**受注システムと請求システムの緊密な連携**が不可欠です。

　また、受注管理は会社の信頼性にも直結します。正確な見積りと確実な履行は、顧客からの信頼獲得につながり、将来の受注にも影響を与えます。そのため、**過去の受注実績や工事実績を適切に管理し、新規見積作成時に参照できるシステム構築の検討**も非常に有効です。

　建設業界の受注処理において特に注意すべき点は、業界特有の複雑性と変動性です。たとえば、プロジェクトの長期化による資材価格の変動や、屋外作業ならではの天候の影響、法規制の変更への対応などが、建設業務に特有の複雑性と変動制をもたらします。

　そのため、標準的な受注管理システムをそのまま適用するのではなく、建設プロジェクトの多様性や、長期にわたるプロジェクト管理の必要性を考慮したシステム設計が求められます。

建設業界における請求計上処理の流れとリスク管理

　建設業界の請求計上処理は、他の業界のものと比較してもより複雑で、リスク管理の観点からも重要です。その特徴と流れを理解し、適切にシステム化することが、効果的な財務管理の鍵となります。

　請求計上処理の基本フローは以下の通りです。

STEP1：工事進捗確認

　工事の進捗状況を確認します。現場からの詳細な進捗報告を基に計画と実績の差異を分析し、工程表との整合性を確認します。特に重要な工程の完了状況や品質管理状況についても慎重に確認を行い、適切な請求時期を見極めます。

STEP2：出来高算定

　請求可能な出来高を算定します。工事の進捗度合いと実際に投入され

た原価を照らし合わせ、契約条件に基づいて適切な出来高を計算します。特に部分払いの場合は、工種ごとの完了度や施工品質なども考慮に入れて、公正な算定を行います。

STEP3：請求書作成

算定された出来高に基づいて請求書を作成します。契約書に定められた請求条件や支払条件を厳密に確認し、工事の種類や進捗状況に応じて適切な科目を選択します。また、必要な添付資料や工事写真なども漏れなく準備します。

STEP4：請求書承認と送付

請求書の作成と承認を経て顧客へ送付します。社内の承認基準に従って、金額の妥当性、計算の正確性、添付書類の完備などを複数の担当者で確認します。承認後は、定められた送付方法に従って速やかに顧客へ請求書を送付し、その記録を適切に保管します。

STEP5：入金確認と計上

顧客からの入金を確認し、会計システムに計上します。入金額と請求額の整合性を確認し、消し込み処理を行います。また、支払期日との差異を分析し、必要に応じて支払い傾向のデータとして蓄積します。

STEP6：会計システム連携

入金情報を会計システムと連携します。工事収益の認識方法（工事進行基準または工事完成基準）に従って適切に会計処理を行い、財務諸表への反映を確実に行います。また、資金繰り計画にも反映させ、経営判断に活用します。

建設業界の請求計上処理に複雑さをもたらす要因は、主に出来高の算定と請求のタイミングです。請求方法は契約時に決定された支払条件に基づき、次のようなパターンがあります。

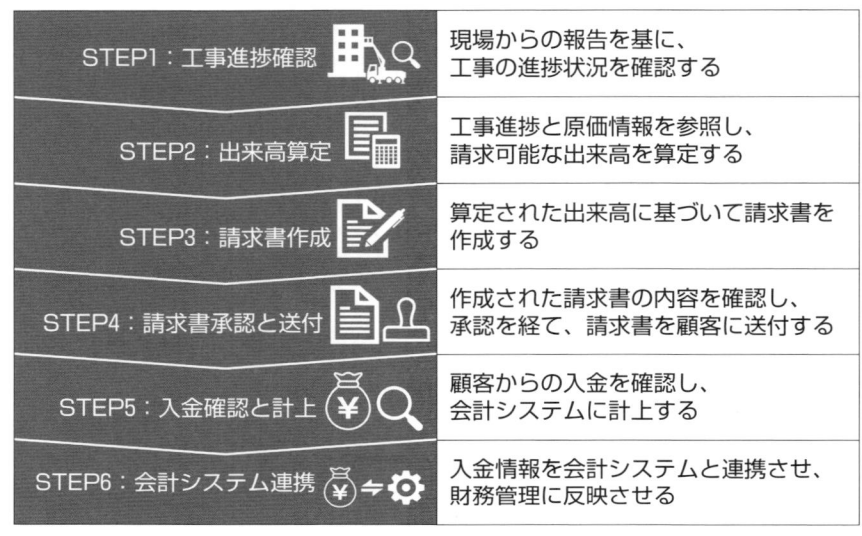

STEP1：工事進捗確認	現場からの報告を基に、工事の進捗状況を確認する
STEP2：出来高算定	工事進捗と原価情報を参照し、請求可能な出来高を算定する
STEP3：請求書作成	算定された出来高に基づいて請求書を作成する
STEP4：請求書承認と送付	作成された請求書の内容を確認し、承認を経て、請求書を顧客に送付する
STEP5：入金確認と計上	顧客からの入金を確認し、会計システムに計上する
STEP6：会計システム連携	入金情報を会計システムと連携させ、財務管理に反映させる

◆建設業界の請求計上処理の基本フロー

- **完成払い：工事完了後に一括で請求**
- **部分払い（出来高払い）：工事の進捗に応じて段階的に請求**
- **中間払い：あらかじめ定めた時期や工程の区切りで請求**

　特に部分払いの場合、正確な出来高の算定が重要です。これには単純な工事の進捗率だけでなく、**実際に投入された原価や将来の原価変動リスクなども考慮する必要があります**。

　システム開発の観点では、以下の機能がポイントになります。

- **柔軟な出来高算定機能**

　面積や体積といった単純な数量だけでなく、工程の完了度や投入された労働時間、使用材料の量なども考慮に入れる必要があります。さらに、契約条件に応じ算定方法（例：定額制、実費精算制、総価契約における出来高払い）を選択できる設計によって、さまざまな工事形態に対応できます。

● 工事進捗管理との連携

現場の実態を正確に反映した請求処理を可能にする機能です。工事管理システムから日々の進捗データをリアルタイムで取り込み、設定した閾値（例：進捗率30%、60%、90%）に達した時点で自動的に請求処理を開始する仕組みの構築が有効です。これにより、タイムリーな請求が可能となり、資金回収の最適化につながります。

● 承認ワークフロー

請求書の作成者、確認者、承認者をシステム上で定義し、各段階のチェックポイントを設定することで、請求プロセスの透明性と正確性を確保します。また、承認者の不在時の代理承認機能や、一定期間経過後の自動リマインド機能も組み込むことで、請求プロセスの遅延を防ぎます。

● 入金管理機能

請求データと入金データを自動的に照合し、未入金案件を即座に検出する仕組みが必要です。また、入金予定日と実際の入金日のズレを分析し、顧客ごとの支払傾向を可視化することで、より精度の高い資金計画の立案が可能になります。さらに、一定期間を超える未入金案件に対しては自動的にアラートを発する機能も有効です。

リスク管理の観点からは、**入金管理**が特に重要です。建設業界では工事の規模が大きく、期間も長期にわたるため、適切な入金管理を怠ると企業の資金繰りに直結します。たとえば100億円の工事を2年かけて行う場合、完成払いだと2年間の資金繰りに大きな負担がかかります。顧客の経営状況の悪化によって多額の未回収リスクにさらされる危険性もあります。このリスクを軽減するために、システム開発時には以下の機能を検討する必要があります。

● キャッシュフロー予測機能

長期にわたる建設プロジェクトの資金管理を支援する機能です。受注

済案件の請求スケジュールと予想される入金日を基に、中長期（最低3カ月から理想的には1年先まで）の資金の流れを可視化します。

　さらに、進行中の入札案件や見込案件の情報も取り込み、受注された場合のシナリオ分析も可能にします。たとえば、大型案件の着工時期の変更が全体の資金繰りに与える影響を即座に予測でき、必要に応じて金融機関との交渉や支払い日程の調整を早期に行えるようになります。

● 与信管理機能

　この機能では、自社での取引履歴（支払いの遅延頻度、金額など）に加え、外部の信用調査機関からの情報も統合します。特に建設業界ではプロジェクトの規模が大きいため、一取引先の経営悪化が自社の資金繰りに深刻な影響を与える可能性があります。システムは過去のデータを分析し、業界平均や取引規模に応じた適切な与信限度額を提案します。また、取引先の決算情報や業界動向などの外部データを取り込み、定期的に与信評価を更新することで、リスクの早期発見につなげます。

● アラート機能

　入金予定日を過ぎても入金が確認されない場合や、特定の取引先への与信額が設定された限度に近づいた場合に、自動的に警告を発します。これらのアラートは、担当者のダッシュボードに表示されるだけでなく、重要度に応じてメールや携帯のプッシュ通知として送信されます。

　また、建設業特有の会計処理として、工事進行基準と工事完成基準があります。これらの基準に応じて収益の認識タイミングが異なるため、両方に対応できる必要があります。さらに、請求書のフォーマットが顧客ごとに異なる場合も多いため、柔軟な帳票出力機能も重要です。

　システム開発時には、これらの複雑な要件を満たしつつ、使いやすく正確性の高いシステムの設計が求められます。特に、受注管理システムと工事原価管理システムとの連携を考慮し、一気通貫で情報が流れる仕組みを構築することが、効果的な請求計上処理の実現につながります。

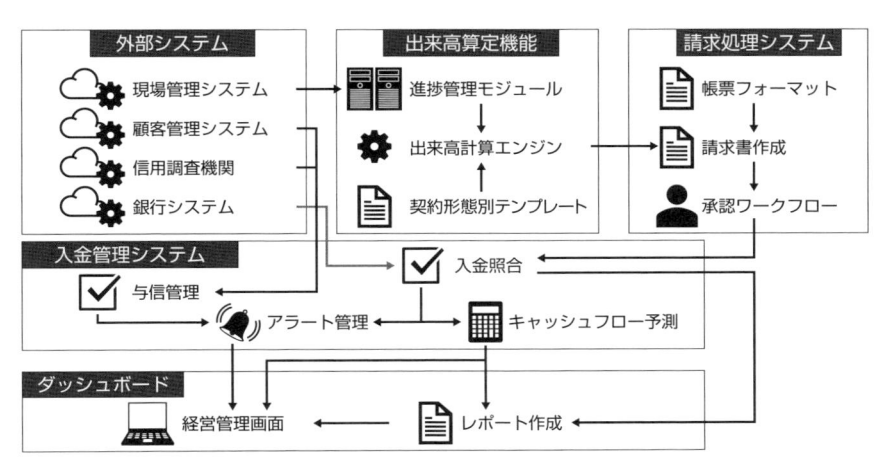

◆**建設業請求計上・入金管理システムの概念**

建設業の受注・請求計上処理のDX化がもたらす利点

　ここでは、建設業界における受注・請求計上処理のDXの現状と課題を検証しつつ、DX化の成功によってもたらされる具体的な利点について考察します。多くの建設企業では現状、Excelなどのスプレッドシートを用いて受注・請求管理を行っています。その方法は手軽で導入しやすくはありますが、その反面、以下のような限界があります。

- **データの分散**：部門や担当者ごとに分散し、全体像の把握が困難
- **リアルタイム性の欠如**：最新情報の共有や即時の状況把握が困難
- **人為的ミスのリスク**：手動入力によるエラーや重複入力の可能性
- **セキュリティリスク**：重要な財務情報が保護されない可能性

　これらの課題に対し、DX化は以下のような利点をもたらします。

　まず、受注から請求、入金までの一連のプロセスを一元管理することで、経営者はリアルタイムで企業の財務状況を把握できます。これにより、工事ごとの収益性や、顧客別の支払状況など、多角的な分析が可能になります。また、正確かつタイムリーに請求書を発行できれば、顧客

との信頼関係を強化することにつながります。工事の進捗状況と請求状況を連動させることで、顧客への説明責任を果たしやすくなります。手作業も削減されるため、作業時間を短縮し、人為的ミスを減少させることも可能です。たとえば、出来高に基づく請求書の自動生成や、入金の自動照合などが可能になります。

リアルタイムの与信管理や入金予測により、資金繰りリスクを軽減することも可能です。異常値の自動検出機能の実装や、承認プロセスを厳格化し、不正や誤りの早期発見も可能にします。さらに、過去の受注データや工事実績を分析し、将来の見積りや価格戦略に活用できます。顧客別、工事種別の収益性分析では注力すべき分野も明確化できます。

コンプライアンスの面においても、取引の透明性が向上し監査対応や法令遵守が容易になります。特に、建設業法で義務付けられている施工体制台帳の管理や下請代金の支払状況の管理の確実性が高まります。

これらの利点を最大限に引き出すためには、単なる既存プロセスのデジタル化ではなく、**システムによりできることを明確にし、業務プロセス自体の見直しへ議論を発展させること**が重要になります。たとえば、従来の承認プロセスを簡素化し、AIによる異常検知と組み合わせることで、より効率的かつ確実な承認フローを構築できる可能性があります。

また、DX化の成功には、誰もが使いやすいUI/UX設計を行うこと、優先度の高い領域から段階的に導入し、システムを業務の中に根付かせること、クラウド環境での安全性確保やアクセス権限を適切に設定することが必要です。利用者からのフィードバックを基に、常にシステムを改善・進化させる取り組みを続けるという意識を持つことも不可欠です。

業界の特殊性のために、汎用的な会計システムでは十分な結果に結びつかない受注・請求計上処理のDX化は、建設業界の生産性向上と透明性確保に向け、その要求に応える重要な手段のひとつとなるでしょう。

7-3 発注・支払計上処理

ゼネコンと協力会社をつなぐデジタル革新

建設業における発注・支払計上処理の流れと特徴

　建設業界における発注・支払計上処理は、ゼネコンと協力会社の間の業務の円滑な進行と企業の財務健全性に大きく影響を及ぼします。

　ここでは、建設業特有の発注・支払計上処理の流れと特徴を解説し、現状の課題を明らかにします。さらに、これらの課題に対するDXのアプローチとその導入がもたらすメリットについて考察します。

　発注から支払いまでの一連のプロセスを適切にデジタル化することで、建設業界の業務効率を向上させ、財務管理を強化し、ひいては業界全体の競争力向上に貢献できる可能性があります。

　建設業における発注・支払計上処理は、ゼネコンが協力会社に工事を依頼し、その対価を支払うまでの一連のプロセスを指します。このプロセスは、建設プロジェクトの円滑な進行と適切な原価管理に直結する重要な業務です。発注処理の基本的な流れは以下の通りです。

STEP1：工事内容決定と協力会社の選定

　プロジェクトに対して最適な協力会社を選定します。

STEP2：見積取得と価格交渉

　協力会社から見積りを取得し、必要に応じて価格交渉します。

STEP3：社内稟議

　発注内容と金額に関する社内承認プロセスがあります。

STEP4：承認者による確認

承認権限を持つ人物が内容を確認します。

STEP5：承認の決議

社内稟議が承認されます。

STEP6：発注書作成と送付

正式な発注書を作成し、協力会社へ通知します。

STEP7：契約締結

協力会社と正式に契約を締結します。

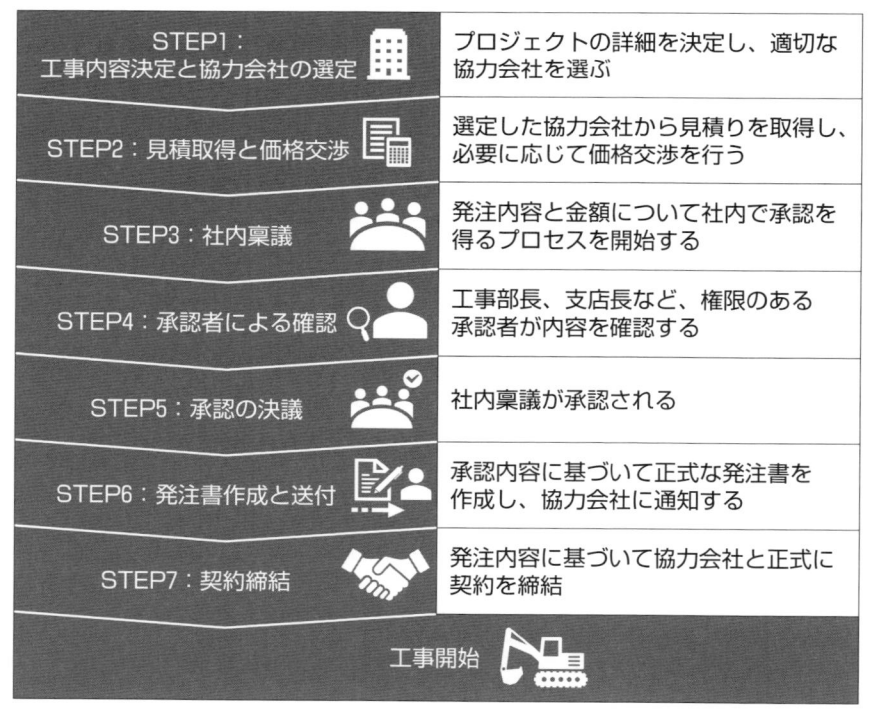

◆建設業界の発注処理の基本フロー

　発注処理のDXを前進させるにあたり、ポイントとなるのは**社内稟議のプロセス**です。ゼネコンでは、発注前に必ず社内で承認を得る必要があります。この稟議プロセスは、通常、工事担当者から始まり、工事部長、支店長、場合によっては購買部門を経由して承認されます。一部の企業では、購買部門が交渉や値引きを担当し、会社全体での交渉力を高めています。

　発注がゼネコン社内で承認された後、正式な発注書が作成され、協力会社との契約が締結されます。この契約には、工事内容、金額、工期、支払条件などが明記されます。

　支払計上処理は、協力会社からの請求に基づいて行われます。その基本的な流れは次の通りです。

STEP1：協力会社からの請求書受領
　工事別・月別の請求書を受領し内容精査を実施します。

STEP2：工事進捗の確認
　現場担当者が請求内容と実際の進捗状況を照合します。

STEP3：支払承認の社内稟議
　工事部門と経理部門で段階的に支払承認を実施します。

STEP4：支払処理（翌月25日頃）
　承認済み請求について指定日に銀行振込を実行します。

STEP5：会計システムへの計上
　工事台帳と総勘定元帳に支払いデータを記録して処理します。

　建設業特有の支払方式として、「出来高払い」があります。これは、工事の進捗に応じて段階的に支払いを行う方式です。たとえば、1,000万円の契約で300万円分の工事が完了した場合、その完了分の支払いを

行います。ここで注意すべき点は、**発注時点では原価計上を行わず、実際の工事の進捗に応じて原価を計上していく**点です。これは工事の特性上、発注時点での正確な原価把握が困難なためです。

　原価の計上方法には、工事完成基準と工事進行基準がありますが、これらの詳細については次節で詳しく解説します。ここでは、原価計上のタイミングが工事の進捗や完成に応じて異なる可能性があることを理解しておきましょう。

　システム開発をする際は、発注から支払いまでの一連のプロセスを統合的に管理し、各部門間で情報をリアルタイムで把握できるプラットフォームの構築が求められます。このプラットフォームでは、**クラウド技術を活用し、工事現場、購買部門、経理部門などが同じデータベースにアクセスできる**ようにします。これにより、発注情報の入力から支払処理までのデータフローが一元化され、二重入力や転記ミスのリスクが大幅に低減されます。

　また、モバイル端末からのアクセスを可能にすることで、現場担当者が即時に情報を入力・確認でき、承認プロセスの迅速化にもつながります。このプラットフォーム構築の目的地としては、発注から支払いまでのリードタイムが短縮され、資金繰りの改善や取引先との関係強化の実現が挙げられます。また、リアルタイムでの原価管理ができるため、プロジェクトの収益性をより正確に把握・予測することが可能になります。

┃ 発注・支払計上処理における現状の課題

　建設業の発注・支払計上処理には、業務の効率性低下やリスクの増大につながるようないくつかの課題が存在します。ここでは、DX推進のポイントとなる課題を整理します。

　多くの建設会社では、発注書や請求書の処理が依然として紙ベースで行われています。これにより、書類の作成、保管、検索に多大な時間と労力が費やされています。また、手作業によるデータ入力は人的ミスのリスクを高め、正確性を損なう可能性があります。

　社内稟議や支払承認のプロセスが複雑で、多くの関係者を経由する必

要もあります。これにより、意思決定に時間がかかり、工事の進行や支払いのタイミングに影響を与える可能性があります。特に、緊急の発注や支払いが必要な場合、この遅延は大きな問題となります。

また、工事現場での進捗状況と経理部門での支払処理が適切に連携していないケースがあります。これにより、出来高と支払いのタイミングにズレが生じ、キャッシュフロー管理に支障をきたす可能性があります。発注情報、工事進捗情報、支払情報が異なるシステムや部門で管理されていることが多く、これらの情報を統合して全体像を把握することも困難な状況です。このため、リアルタイムでの原価管理や財務状況の把握が難しくなっています。

発注・支払いプロセスの透明性確保や、不正防止のための内部統制が十分に機能していない場合も課題として挙げられます。特に、大規模なプロジェクトや多数の協力会社がかかわるときは、適切な管理が困難になります。その他、建設プロジェクトでは、工事の進行に伴い設計変更や追加工事が発生することがあります。変更に対する発注・支払いの管理が適切に行われないと、予算超過や支払いトラブルにつながる可能性があります。発注内容や支払状況に関する情報が、協力会社と適時に共有されていないケースもあります。これにより、工事の進行に支障をきたし、協力会社との信頼関係に悪影響を与える可能性があります。

これらの課題は、建設業の生産性向上を阻害する要因となっています。次項では、これらの課題に対するDXアプローチとそのメリットについて詳しく見ていきます。

発注・支払計上処理のDX推進とメリット

発注・支払計上処理のDXは、前述の課題を解決し、建設業の生産性を大幅に向上させる可能性を秘めています。ここでは、DX推進の方法とそのメリットについて詳しく見ていきます。

・統合的な発注・支払管理システムの導入
発注から支払いまでの一連のプロセスを一元管理できるシステムは、

建設業の生産性向上に寄与します。**電子発注書の作成と送信機能**では、テンプレートを活用し、過去の発注データを参照しながら迅速かつ正確に発注書を作成できます。また、発注書の承認状況をリアルタイムで追跡し、承認者にはプッシュ通知で速やかな対応を促すことができます。

社内稟議のワークフロー管理機能は、承認ルートを自動設定し、各承認者の権限に応じた閲覧・編集制限を設けることで、セキュリティを確保しつつ迅速な意思決定を支援します。また、承認履歴を自動記録し、後の監査にも対応できるようにします。

請求書の電子化と自動照合機能では、OCR技術を用いて紙の請求書をデジタル化し、発注データと自動的に照合します。不一致がある場合は即座にアラートを発し、早期の対応を可能にします。さらに、AIを活用して請求書の異常値を検出し、不正や誤りを防止します。

工事進捗との連動機能は、現場で入力された進捗データをリアルタイムで反映し、進捗率に応じた支払管理を自動化します。出来高払いの正確性が向上し、キャッシュフロー管理の精度も高まります。

支払いスケジュール管理機能では、複数の取引先への支払いを一元管理し、支払予定日の自動リマインドや、資金繰りを考慮した最適な支払いタイミングの提案を行います。また、早期支払割引の適用判断を支援し、コスト削減の機会を逃さないようにします。

これらの機能を統合することで、発注から支払いまでの一連のプロセスがシームレスにつながり、データの一貫性が保たれます。結果として、紙ベースの処理や手作業による非効率性が解消され、人的ミスのリスクも低減されます。

● クラウドベースのワークフローシステム

発注や支払いの承認フローを事前にデジタル化し、クラウド上で一元管理します。承認者は、PCやスマートフォンからシステムにアクセスし、いつでもどこでも承認作業を行えます。現場監督が工事現場から直接、追加発注の承認を行うことも可能になります。

システムは承認の順序や権限を自動的に制御し、承認者に順次通知を

送ります。これにより書類の紛失や承認の遅延を防ぎ、承認プロセス全体の可視化が実現します。承認の履歴や変更記録も自動的に保存されるため、後日の監査や問題発生時の原因究明が容易になります。

さらに、**承認パターンの分析機能**を搭載することで、類似案件の過去の承認状況を参考に、承認の迅速化や一貫性の確保を支援します。これらの機能により、承認プロセスの大幅な効率化とコンプライアンスの強化が同時に実現します。

● リアルタイムデータ連携

建設プロジェクトの各段階で生成されるデータを瞬時に統合し、関係者間で共有する仕組みです。具体的には、**現場管理システムで入力された日々の作業進捗データが、APIを通じて即座に原価管理システムに反映されます**。これにより、実際の作業量と予算との比較を常に最新の状態で行えます。同時に、この情報は会計システムとも連動し、出来高に応じた請求処理や支払管理を自動化します。

たとえば、現場で資材の追加使用が記録されると、原価管理システムで予算超過のアラートが発生し、同時に会計システムで支払予定が更新されます。このような連携により、プロジェクトマネージャーは工事の進捗状況と財務状況を一元的に把握でき、問題の早期発見と対応が可能になります。

さらに、これらのシステムから得られるデータを統合し、ダッシュボード形式で可視化することで、経営者は複数のプロジェクトの状況を俯瞰的に把握できます。これにより、工事進捗と支払いのタイムリーな連動やリアルタイムの原価管理、正確な財務状況の把握、迅速な経営判断などが可能になります。

● AI・機械学習の活用

建設業の発注・支払計上処理において、AI・機械学習技術は効率性と精度を大幅に向上させます。ディープラーニングを用いた**OCR技術により、多様な請求書を自動的にデジタル化**し、データ入力の手間と誤

りを削減します。機械学習アルゴリズムは、過去の取引データを分析して異常なパターンを検出し、不正や誤りの早期発見を可能にします。

また、**予測モデリング**により発注量や支払いタイミングを最適化し、コスト削減と資金効率の向上を実現します。

● 協力会社向けポータルサイトの構築

協力会社向けポータルサイトは、ゼネコンと協力会社間の情報共有とコミュニケーションを効率化するウェブプラットフォームです。このポータルでは、協力会社が安全にアクセスし、リアルタイムで発注情報を確認できます。また、電子請求書の提出や処理状況の確認、工事進捗の

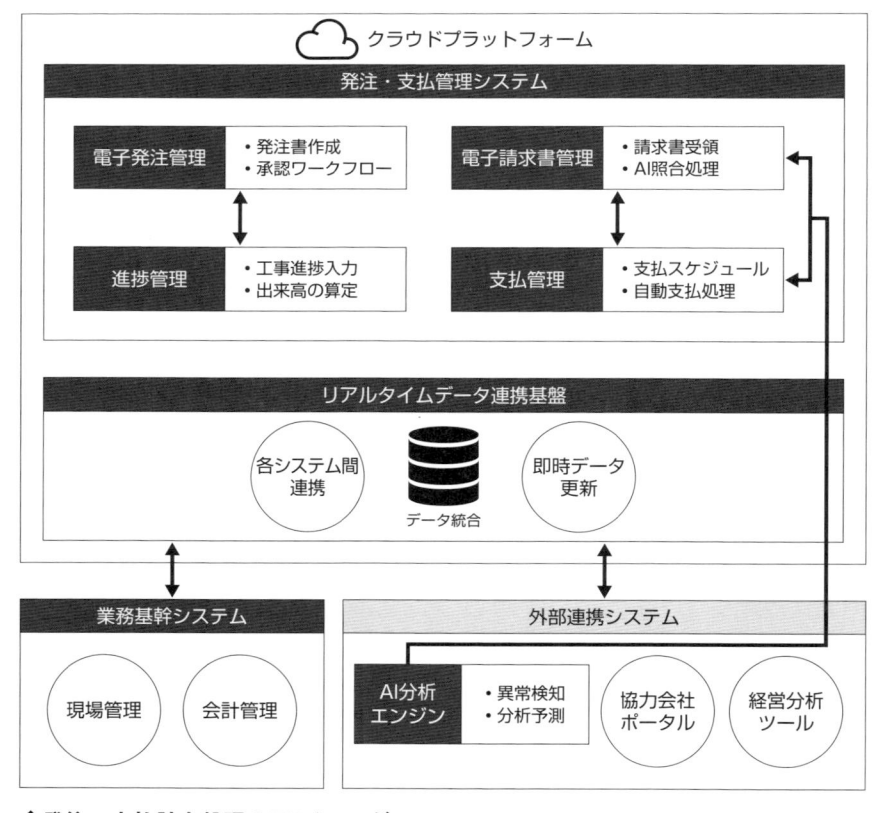

◆発注・支払計上処理のDXイメージ

報告が一元的に管理されます。

　チャット機能により即時的なコミュニケーションも可能になり、現場での問題に迅速に対応できます。これにより、情報伝達の遅延や誤解が最小限に抑えられ、プロジェクト全体の効率性と透明性が向上します。

　これらのDXアプローチを適切に実装したシステムは、建設業界に下表のようなメリットをもたらすことが期待できます。

◆建設業におけるシステム導入のメリット

メリット	概　要
業務効率の大幅な向上	• 発注・支払処理時間の短縮（例：50％以上の時間削減） • 人的ミスの減少による再作業の削減
コストの削減	• 紙の使用量削減 • 人件費の抑制 • 支払いの最適化による資金効率の向上
リスク管理の強化	• 不正行為の早期発見と防止 • コンプライアンスの強化 • 内部統制の改善
意思決定の迅速化と精度向上	• リアルタイムデータに基づく迅速な判断 • 正確な原価や財務情報による的確な経営判断
協力会社との関係強化	• 情報共有の円滑化による信頼関係の構築 • 支払いの適時性向上による協力会社の資金繰り改善
働き方改革への貢献	• 業務効率化による長時間労働の削減 • 場所を問わない承認作業による柔軟な働き方の実現

　建設業の発注業務および支払計上処理には、業界特有の要素が複雑に絡み合っており、汎用的な会計ソフトウェアやExcelでは管理が難しいものです。この業務に滞りがあると、以降の業務すべてに悪影響が波及してしまいます。特に、**社内稟議や外部協力会社とのコミュニケーションフローを、システム上でいかに拾い上げるかの検討**が肝要です。これにより承認プロセスの効率化と透明性の向上が期待できます。

　また、発注業務での入力データを以降の業務フローにも活用できるような一気通貫のシステム設計も重要です。データの重複入力を避け、業務効率の大幅な向上とヒューマンエラーの低減が可能になります。

　これらのポイントを念頭にシステム開発をすることで、建設業界の発注・支払計上処理のDXを前進させることに大きく貢献できるでしょう。

工事完成基準と工事進行基準

建設業の財務戦略を左右する会計手法の要

工事完成基準と工事進行基準の要点

　建設プロジェクトは長期にわたることが多く、その進行に応じて適切に収益を認識し、財務状況を把握することが企業経営の要となります。工事完成基準と工事進行基準は、この収益認識のタイミングと方法を決定する重要な会計手法です。基準の違いを理解してシステムに組み込むことによって、建設会社の財務管理の効率化と透明性の向上を大きく前進させます。

　第2章でも解説しましたが、建設業界の会計管理に対応したシステム開発において欠かせない重要な知識のため、改めて建設業界特有の会計処理方法である工事完成基準と工事進行基準について、基本的な概念と適用方法を見ていきます。

工事完成基準

　工事完成基準は、その名の通り、**工事が完成し引き渡された時点で一括して収益を認識する方法**です。この基準の下では、工事期間中の売上は計上されず、工事に関連する費用は「未成工事支出金」として貸借対照表に計上されます。

　たとえば、3年間にわたる工事の場合は以下のようになります。

- 1年目：売上0円、未成工事支出金に費用を計上
- 2年目：売上0円、未成工事支出金に費用を計上
- 3年目（完成時）：全売上を計上、未成工事支出金を費用として計上

	1年目	2年目	3年目
収益	0	0	1億円
費用	0	0	8,000万円
利益	0	0	2,000万円
未成工事支出金	3,000万円（計上／累計）	3,000万円（計上）6,000万円（累計）	0

◀ 工事進行中 ➡◀ 工事完成 ➡

◆**工事完成基準の収益認識イメージ**

工事進行基準

工事進行基準は、**工事の進捗に応じて段階的に収益を認識する方法**です。この基準は、工事の進行度合いに応じて収益と費用を計上するため、より実態に即した財務報告が可能となります。

進捗度の計算方法は複数ありますが、最も一般的なのは原価比例法です。これは、**発生した原価の割合を基に進捗度を算出する方法**です。

たとえば、総額10億円、原価 8 億円、利益 2 億円の 2 年間の工事の場合は以下のようになります。

- 1 年目（進捗度30%）：売上 3 億円（10億円×30%）、原価2.4億円（8億円×30%）、利益0.6億円
- 2 年目（進捗度40%）：売上 4 億円（10億円×70%− 3 億円）、原価3.2億円（ 8 億円×70%−2.4億円）、利益0.8億円
- 3 年目（進捗度30%）：売上 3 億円（10億円×100%− 7 億円）、原価2.4億円（ 8 億円×100%−5.6億円）、利益0.6億円

	1年目	2年目	2年目	合計
進捗度	30%	40%	30%	100%
収益	3億円	4億円	3億円	10億円
費用	2億4,000万円	3億2,000万円	2億4,000万円	8億円
利益	6,000万円	8,000万円	6,000万円	2億円
累計収益	3億円	7億円	10億円	―
累計費用	2億4,000万円	5億6,000万円	8億円	―

◀ 進行中 ▶ ◀ 完成 ▶

◆工事進行基準の収益認識イメージ

適用基準

　日本の会計基準では、2009年4月1日以降開始する事業年度から、原則として工事進行基準を適用することが求められました。特に、以下の条件を満たす工事には工事進行基準の適用が強制されました。

- **工事期間が1年以上**
- **請負金額が10億円以上**
- **工事の進捗部分について成果の確実性が認められる**

　ただし、小規模な工事や短期の工事については、工事完成基準の適用も認められています。システム開発の際は、これらの基準の適用条件を正確に判断し、適切な基準での会計処理を自動化することが重要です。特に、工事進行基準を適用する場合、**進捗度の計算や収益・費用の按分**

計算を正確に行うためのロジックが必要となります。また、工事の規模や期間に応じて適用基準が変わる可能性があるため、システムはこの変更に柔軟に対応できる設計が求められます。

次では、これらの基準それぞれのメリットとデメリットについて比較し、システム開発時の考慮点を探ります。

工事完成基準と工事進行基準のメリットとデメリット

工事完成基準と工事進行基準は、それぞれ異なる特徴を持ちます。これらの基準のメリットとデメリットを十分に理解し、適切なシステム設計を行う必要があります。主に下表の点が挙げられます。

◆工事完成基準と工事進行基準のメリット・デメリット

基　準	メリット	デメリット
工事完成基準	・工事完了時に一括して収益を認識するため、会計処理が単純で理解しやすい ・工事完了時点で実際の収益が確定しているため、収益認識の確実性が高い ・収益認識を遅らせることで、一時的な課税繰り延べ効果が得られる場合がある	・長期工事の場合、工事期間中の企業業績が適切に反映されない ・工事完了まで収益が認識されないため、長期的な資金繰りの見通しが立てにくい ・大規模工事の完成時期によって、会計年度ごとの業績が大きく変動する可能性がある
所長主導	・工事の進捗に応じて収益を認識するため、より実態に即した業績報告が可能 ・段階的な収益認識により、より正確な資金繰り計画が立てやすい ・工事の進捗状況と収益性をリアルタイムで把握できるため、早期の経営判断が可能	・進捗度の計算や収益・費用の按分など、会計処理が複雑になる ・工事の進捗度や最終的な総原価の見積りに不確実性が伴う ・進捗管理や原価計算など、より精緻なシステム構築が必要となる

これらの工事完成基準と工事進行基準のメリット・デメリットを踏まえ、システム開発時には以下の点に注意が必要です。

①柔軟性

工事規模や期間に応じて、適切な会計基準を選択・適用できる機能です。特に、工期1年以上かつ請負金額10億円以上の大規模工事では工事進行基準が強制適用となりますが、それ以外の工事では状況に応じて基

準を選択できます。システムは工事情報から自動的に適用すべき基準を判断し、必要に応じて切り替えを行います。

②進捗管理機能

原価比例法を用いて工事の進捗度を正確に計算し、リアルタイムでの進捗管理を実現します。発生した工事原価を予定総原価で割ることで進捗度を算出し、その数値を基に収益を認識します。また、決算日時点での進捗状況を自動で集計し、期末の会計処理に必要な情報を提供します。

③データ連携

現場の工事管理システムや購買システムから、工事の実績データや原価情報をリアルタイムで収集・統合します。これにより進捗状況や原価の発生状況を即座に把握でき、正確な収益認識と原価管理ができます。また、会計システムとも連携し、仕訳の自動生成にも活用されます。

④見積機能

工事契約時の収益総額、予想される原価総額、現時点での進捗度の三要素を合理的に見積もり、管理する機能です。特に原価総額の見積りは、直接費と間接費の配賦を考慮しながら算出します。また、工事の進行に伴い見積りの見直しが必要な場合も、システムで柔軟に対応できます。

⑤レポーティング

両会計基準に対応した財務報告書を自動生成し、経営判断に必要な情報を提供します。工事別の収益認識状況、進捗度、原価実績などをさまざまな切り口で分析・表示できます。また、工事台帳や施工体制台帳など、法令で求められる帳票類も自動で作成できる機能を備えています。

これらを考慮したシステム開発により、建設会社は適切な会計基準の適用と効率的な財務管理を実現できます。次項からはシステム化の課題と、それらを克服するための専門知識の重要性について見ていきます。

◆**工事完成基準と工事進行基準の比較**

項　目	工事完成基準	工事進行基準
収益認識のタイミング	工事完成時に一括計上	工事進捗に応じて計上
期間損益の反映	工事期間中は反映されない	より実態に即した反映
会計処理の複雑さ	比較的単純	より複雑
キャッシュフローの管理	予測が難しい	予測しやすい
税務上の影響	収益認識が遅れる可能性がある	早期の収益認識
進捗度の計算	不要	必要（原価比例法など）
システム要件	比較的単純	より高度な要件
適用されるべき工事種類	・短期の工事 ・小規模な工事	・長期にわたる大規模工事 ・進捗度が測定可能な工事
メリット	・会計処理が容易 ・収益認識の確実性が高い	・期間損益をより適正に扱える ・経営判断に役立つ
デメリット	・期間損益が歪む ・業績の急激な変動リスク	・見積りの不確実性 ・会計処理が複雑になる ・システム開発コストの高さ

システム化における課題と専門知識の重要性

　工事完成基準と工事進行基準をシステムに組み込む際には、いくつかの課題があります。これらの課題を適切に解決し、効果的なシステムを構築するためには、建設業の会計に関する深い専門知識が不可欠です。

　まずは、システム化の主な課題について挙げます。工事の規模や期間に応じ適用すべき**会計基準を自動判定する機能**が必要です。工事の契約金額、予定工期、進捗状況などを把握し、適切な基準を選ぶロジックが求められます。工事進行基準を適用する場合は、**進捗度の計算**が重要です。原価比例法を用いる場合、実際の発生原価と見積総原価を把握し、リアルタイムで進捗度を算出する機能が必要となります。

　工事原価の発生をリアルタイムで捕捉し、会計システムに反映させる仕組みも必要です。これには、現場の工程管理システムや購買システムとの緊密な連携が求められます。工事の進行に伴い総原価や工期の見積りが変更される可能性もあります。これらの変更を柔軟に反映し、過去の会計処理を遡及的に修正する機能を持つ必要があるといえます。

専門知識の重要性

　建設業界特有の会計基準である工事完成基準と工事進行基準を正確に システムに反映するためには、以下の専門知識の確認が必須です。

・建設業会計への理解

　2つの基準の適用条件を正確に把握して反映させる必要があります。 たとえば、工事進行基準の適用には工事期間や請負金額の条件があり、 これらを自動判定する機能が必要です。**各基準に基づく収益認識の計算 方法や財務諸表への開示要件も理解したレポート機能の実装**が重要です。

・原価管理の知識

　特に、**工事進行基準適用時**に不可欠です。直接費と間接費の区分、間 接費の配賦基準の設定、原価の見積りと実績の比較など、建設業特有の 原価計算手法を理解して、システムに組み込む必要があります。また、 工事の進捗に応じた原価の認識方法や、原価の変動が収益認識に与える 影響にも注意が必要です。

・建設業の業務プロセスの理解

　見積作成から工事完了までの各段階で発生するデータの流れを正確に 把握し、各工程でのデータ入力や処理を適切に設計する必要があります。 そのためには、見積段階での原価情報が、どのように実行予算に反映さ れ、進捗管理や収益認識にどう活用されるかの理解が欠かせません。

・法規制の知識

　法規制の知識は、システムのコンプライアンス対応に不可欠です。建 設業法に基づく施工体制台帳の管理機能や、会社法・税法に準拠した財 務諸表の自動生成機能など、法令要件を満たすシステム設計時の前提知 識になります。消費税の軽減税率対応や電子帳簿保存法への対応など、 最新の法改正にも常にアンテナを張る必要があります。

システム開発時の注意点

　最後にDXを前進させるため、次の5点に留意した開発を行いましょう。

　1点目は**専門家との協業**です。これらの会計基準は建設業界特有のものであり、深く理解するためには専門家による知識のアシストが必要です。システム開発に着手する前に、建設業の会計専門家や公認会計士との綿密な打ち合わせを行い、要件定義を慎重に行うことが重要です。

　2点目は**ユーザビリティの考慮**です。会計処理の複雑さをシステムの背後に隠し、直感的な操作を実現することが重要です。たとえば、工事進捗度の視覚的入力機能や、仕訳入力時に頻繁に用いる勘定科目のショートカット機能の実装が効果的です。また、リアルタイムエラー検知や、会計レポートのダッシュボード形式での可視化により、操作の効率性と正確性を高めつつ、経営判断のスピードアップに貢献できます。

　3点目は**データの整合性確保**です。工事管理システム、購買システム、など、各システムとのデータ連携を行い、整合性を保つ必要があります。

　4点目は**監査対応**です。システムによる会計処理の過程を説明できるよう、処理ロジックの文書化や監査証跡の保存機能の実装が重要です。

　5点目は**柔軟性と拡張性**です。会計基準の変更や企業の成長に伴うシステム要件の変化に対応できる、拡張性の高い設計が重要になります。

　このように工事完成基準と工事進行基準の実装は、建設会社の財務報告の正確性と透明性に直接影響します。これらの会計基準の重要性を理解した上で、専門家の知見を活用しながら慎重な開発を行いましょう。

　また、建設業界の会計基準は新たな基準が採用されることもあります。たとえば2021年4月以降、新収益認識基準が導入され、工事契約に関する収益は、一定の期間にわたり履行義務を充足する取引として認識することが原則となりました。また、工事原価の回収可能性が不確実な場合には原価回収基準を適用し、工事原価の範囲内でのみ収益を認識します。このように会計基準は継続的に進化していくため、現在採用している基準の理解だけでなく、将来的な基準変更への対応も視野に入れた柔軟なシステム設計が必要です。常に建設業会計の専門家と連携し、最新の動向を取り入れられる体制を整えることが重要となります。

第8章

労務実務と
工事管理システム

8-1 労務の役割とは?

建設業における労務管理の基礎と本質

建設業における労務管理業務

　建設業の2024年問題を受け、建設業界では労務管理が非常に重視されています。本節では、建設業における労務管理の具体的な業務内容や担当部署、そして労務管理の本質的な役割について触れ、労務管理の重要性を解説します。

　建設業における労務管理は、従業員の労働にかかわる事項や組織内の制度を管理・整備することを主な目的としています。建設業の2024年問題をはじめ、建設業特有の環境や課題があるため、その重要性は他の産業以上に高まっています。

　まず、建設業の労務管理を担当する部署について説明します。一般的に、建設会社では人事部や総務部が労務管理を担当します。これらの部署は、従業員の雇用から退職までのさまざまな局面で重要な役割を果たします。大手建設会社の中には労務専門の部署を設けている企業もあります。

　建設業界の労務管理の主な業務では、まず正社員、契約社員、派遣社員など、さまざまな雇用形態に対応した契約書の作成と管理を行います。建設業ではプロジェクトごとに必要な人材が変動するため、柔軟な雇用形態への対応が求められます。

　就業規則の作成・変更・管理も行います。労働条件や職場秩序に関する規則を定め、必要に応じて改定します。これには建設現場特有の安全規則や作業手順なども含まれます。時間外労働や休日労働、賃金の支払方法などに関する協定を労働者代表と締結することも行います。建設業では、天候や工程の変更により労働時間が変動しやすいため、柔軟な対応が必要です。

　また、出退勤時間の記録、残業時間の管理、休暇取得状況の把握など
を行います。建設現場では、複数の現場で同時に勤務する従業員も多い
ため、現場ごとの勤怠管理と全体の統合管理が重要です。労働時間や各
種手当を考慮した給与計算と、適切な支払処理も行います。建設業特有
の各種手当（危険手当、高所作業手当など）に対応する必要もあります。

　他にも、健康保険、厚生年金、雇用保険などの加入・脱退手続きや保
険料の管理を行います。作業現場の安全確保、定期健康診断の実施、労
働災害の防止対策なども行います。建設現場特有の危険作業や環境に対
応した安全管理が求められます。

　快適な職場環境の維持、ハラスメント対策、メンタルヘルスケアなど
も重要な業務のひとつです。建設現場の厳しい労働環境を考慮した、き
め細かな従業員ケアが必要となります。労働生産性の向上や働き方改革
の推進など、効率的な業務体制の構築、教育訓練も実施します。教育訓
練では、従業員のスキルアップや資格取得支援、キャリア開発プログラ
ムの運営などを行います。必要な専門知識が多岐にわたる建設業では、
多数の資格や技能に対応した教育管理が重要です。

　これらの業務は、建設業界特有の環境を考慮しながら行う必要があり
ます。建設現場では天候や季節による影響を受けやすく、また、プロジ
ェクトごとに労働環境が大きく変わる可能性があるため、柔軟な労務管
理が求められます。

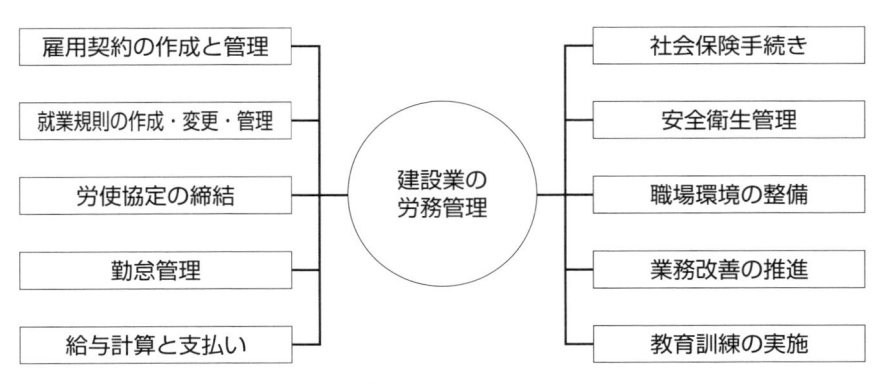

◆建設業の労務管理の主な業務内容

労務管理の本質

建設業における労務管理の本質的な役割は、自社のプロジェクトにかかわるすべての労働者が、日々快適で安全に労働に従事できるように気を配ることにあります。これは単なる管理業務ではなく、人間の尊厳を守り、働きがいのある職場を創造するという重要な使命を担っています。

労務管理は縁の下の力持ちとして機能します。表舞台で華々しく活躍する現場作業員や技術者たちを、陰ながら支える重要な役割を果たしています。たとえば、次のようなポイントがあり、労務管理は建設プロジェクトの成功を左右する存在となっています。

● 安全な労働環境の確保

建設現場にはさまざまな危険が潜んでいるため、安全教育の実施、適切な保護具の提供、定期的な安全点検の実施など、労働者の安全を最優先に考えた取り組みを行います。これにより、労働災害を未然に防ぎ、作業員が安心して働ける環境を整えます。

● 適正な労働時間の管理

天候など外的要因の影響を受けやすい建設業では、長時間労働になりがちです。そこで、適切な労働時間管理を行うことで過重労働を防ぎ、作業員の健康を守ります。これは単に法令遵守のためだけでなく、長期的な視点で見れば生産性向上にもつながります。

● 公平な評価と報酬制度の構築

従業員のモチベーション維持も大切な役割のひとつです。そのために従業員の能力や貢献度を適正に評価し、それに見合った報酬を提供する制度を構築します。働きがいのある環境を築くことで、優秀な人材の定着を促し、人材不足解消へもつながります。

● キャリア開発支援

　建設業界では技術の進歩や法規制の変更に常に対応していく必要があります。そこで従業員のスキルアップやキャリア開発を支援することで、個人の成長と会社の競争力向上の両立を図ります。

● コミュニケーション促進

　労務管理部門は経営層と現場作業員をつなぐ重要な橋渡し役となります。従業員の声を経営に反映させたり、経営方針を従業員に浸透させたりすることで、組織全体の一体感を醸成します。

● ダイバーシティの推進

　建設業界でも女性や外国人労働者の活躍が期待されています。労務管理部門は、多様な背景を持つ従業員が活躍できる環境を整備し、組織の多様性を高めることで、イノベーションの創出や人材確保につなげます。

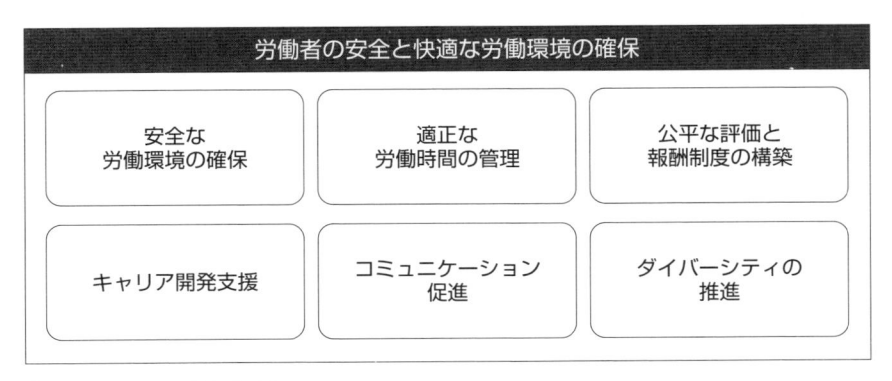

◆労務管理の本質的役割

　適切な労務管理は、従業員の満足度向上、生産性の向上、そして企業の競争力強化につながります。また、近年の建設業界では、2024年問題として知られる時間外労働の上限規制への対応が大きな課題となっています。この規制に適切に対応しつつ、業務の効率化や生産性の向上を図ることが、これからの労務管理に求められています。

建設業界の労務管理は、1つのプロジェクトに多様な雇用形態の人材が入り込むことや、複雑な労働時間の管理、天候などの外的要因による影響の大きさなどさまざまな理由から、他の業界に比べても非常に複雑です。重要度も複雑さも大きな建設業の労務管理の現場では、適切なシステムの登場が待ち望まれています。

　次節では、これらの課題に対する具体的な労務管理の手法や労務費の管理方法について解説していきます。

8-2 労働環境と工事実務

建設業界の労働環境改善と効率的な労務管理システムの重要性

建設業界の労働環境の今までとこれから

建設業界は長年、3K（きつい・汚い・危険）と呼ばれ、若者や女性から敬遠されがちな労働環境であるという課題を抱えてきました。しかし、近年の建設業界では、この状況を改善する職場環境を作るための取り組みが積極的に行われています。本節では、建設業界の労働環境の変遷と現在の取り組み、それらを支える労務管理システムの重要性について解説します。システム開発の観点では、労働環境改善のための設備導入や福利厚生の充実、それらにかかわる費用処理の効率化に焦点を当てます。

まず、労働環境の改善に向けた取り組みのひとつとして、安全性管理の強化が挙げられます。建設業は危険と隣り合わせの産業であるため、**安全衛生管理士などの資格を持つ専門家が工事現場に常駐すること**が義務付けられるようになりました。これにより、現場の安全性が向上し、労働者の安心感も高まっています。

また、労働環境の快適性を向上させるためのさまざまな施策も導入されています。たとえば、熱中症対策としてスポットクーラーの設置や空調服の配布が行われるようになりました。これらの対策は、夏場の過酷な労働環境を大きく改善し、作業効率の向上にも寄与しています。さらに、女性の活躍を促進するための取り組みも進んでいます。かつては男性中心の職場環境であった建設現場にも、女性が快適に働けるよう、清潔で使いやすい男女別のトイレの設置などが進められています。

これらの労働環境改善のための設備や備品の導入には、当然ながら費用が発生します。その費用管理も労務管理の重要な役割のひとつです。たとえば、スポットクーラーなどの設備や備品は、リース会社から借りる場合もあれば、会社が所有している場合もあります。リース会社から

211

借りる場合は、新たな発注契約として処理されますが、**会社所有の備品を現場で使用する場合は、会社から現場へのリースという形で原価計算に組み込む**必要があります。

このような備品の管理や原価計算を効率的に行うためには、適切なシステムの導入が不可欠です。たとえば、会社所有の軽トラックを1カ月間現場で使用する場合、その使用料を原価計算上に適切に計上するシステムが必要になります。こうしたシステムを導入することで、労働環境改善のための設備投資を適切に管理することができます。

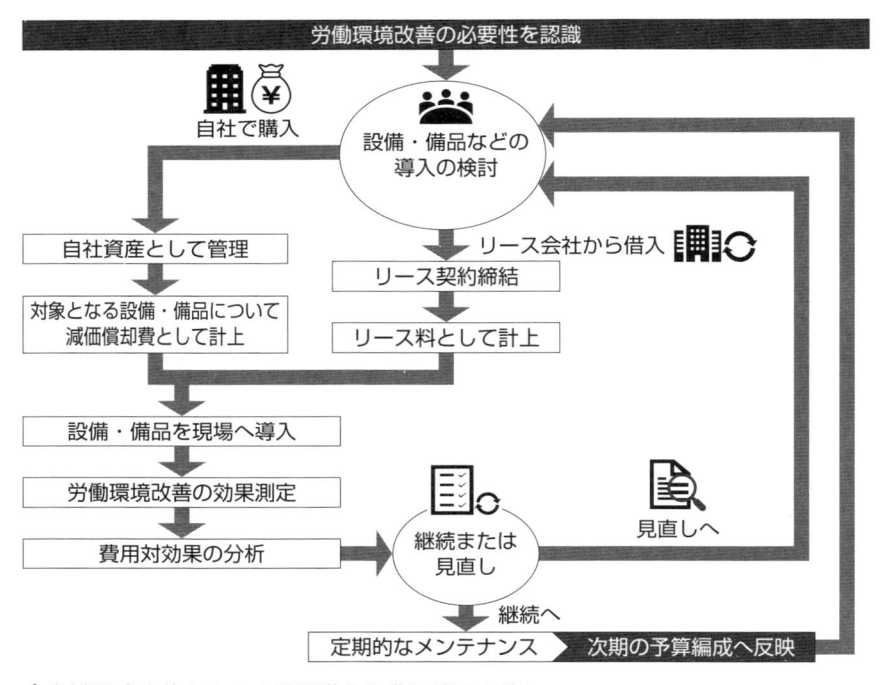

◆**労働環境改善のための設備導入と費用管理の流れ**

建設業界の労働環境改善への取り組みは、国土交通省が掲げる「新3K」(給与・休暇・希望)の実現にもつながっています。「給与」面では、技能者のレベルに見合った労務費の見積りを尊重する動きが進んでいます。「休暇」については、週休2日制の導入が進められており、**公共工**

事では原則としてすべての工事で**週休2日制が採用**されるようになっています。「希望」については、**BIMやICT技術を活用したi-Constructionの推進により、建設業のデジタル化**が進められています。

　これらの取り組みにより、建設業界の労働環境は着実に改善されつつあります。しかし、その進捗は会社によってまちまちであり、先行して取り組んでいるのは大手企業です。残念ながら中小企業は大手企業に比べ改善にやや後れをとっている実情があります。システム開発の観点では、労働環境改善の取り組みを効率的に支援すること、また大手企業のみならず中小企業でも同様の改革が進む支援をすることが求められます。

間接労務費は直接労務費とどう異なるのか？

　ここまで、建設業界の労働環境改善に向けた取り組みに触れてきましたが、そこには当然ながら費用が発生します。労働環境を支える労務費ですが、その中身は**直接労務費**と**間接労務費**に大別されます。直接労務費は、工事現場で直接作業に従事する労働者に支払われる賃金のことを指します。一方、間接労務費は、直接的な工事作業にはかかわらないものの、工事の実施に必要な労働に対して支払われる費用のことを指します。

　直接労務費の例としては、現場作業員の給与や残業代、日当などが挙げられます。これらは特定の工事プロジェクトに直接紐づく費用として計上されます。

　一方、本節の主題である**労働環境改善にかかる費用は主に間接労務費に該当**し、たとえば次ページの表中の例に挙げているものが含まれます。これらの間接労務費は、特定の工事プロジェクトに直接紐づけることが難しい費用ですが、前述の例のように従業員の労働環境を改善し、作業効率や安全性の向上に寄与する重要な投資といえます。

213

◆直接労務費と間接労務費の比較表

比較項目	直接労務費	間接労務費
定義	工事現場で直接作業に従事する労働者に支払われる賃金	直接的な工事作業にはかかわらないが、工事の実施に必要な労働に対して支払われる費用
例	・現場作業員の給与 ・残業代 ・日当	・現場監督や工事管理者の給与 ・安全管理担当者の給与 ・事務所スタッフの給与 ・福利厚生費（社会保険料の会社負担分など） ・研修費用 ・作業服や安全装備の費用 ・通勤手当 ・健康診断費用
特徴	・特定の工事プロジェクトに直接紐づく ・比較的計上が容易	・特定のプロジェクトに直接紐づけることが難しい ・複数のプロジェクトにまたがって発生することが多い ・労働環境改善や福利厚生に関する費用が含まれる

　システム開発の観点からは、これらの直接労務費と間接労務費を適切に区分して管理するシステムの構築が求められます。特に、間接労務費の管理は複雑になりがちであり、以下の点に注意が必要です。

● 費用の適切な配分

　間接労務費は複数のプロジェクトにわたって生じることが多いため、それぞれへの適切な配分方法を設計する必要があります。システム設計では、規模、期間、従業員数などの要素を考慮した動的な配分ロジックを実装しましょう。配分ルールを柔軟に設定・変更できる機能や、配分履歴を管理する仕組みを設けることで透明性と信頼性を確保できます。

● 柔軟な費用項目の設定

　間接労務費の内容は会社により異なることを念頭に、費用項目を柔軟に設定・変更できるシステム設計が必要です。ユーザーが独自の費用項目を追加・編集できるインターフェースを提供し、それらの項目を動的に管理できるデータモデルを採用することで、各企業の特性に合わせた調整が行えます。同時に、費用項目の変更履歴を管理することで長期的なデータの一貫性も保たれます。

● 予実管理の実装

予算と実績を比較して差異を分析できる機能は、労務費管理において重要です。特に間接労務費は直接的な効果が見えにくいことから、適切な予実管理が必要です。そのためにはリアルタイムでデータを更新し、予算超過や異常値を迅速に検知する機能を実装します。過去のデータとの比較や傾向分析機能の実装も、より戦略的な意思決定のサポートに有効です。

● レポーティング機能

経営者や現場責任者が労務費の状況を把握できるレポートを自動生成する機能が求められます。この機能では、必要な情報を自由にカスタマイズできるダッシュボードを提供し、グラフや図表を活用してデータを視覚的に表現します。また、定期的なレポートの自動生成と配信機能を実装することで、関係者全員が最新情報を共有できる環境を整えます。

● 他システムとの連携

給与計算システムや工程管理システムなど、他のシステムとのシームレスな連携が必要です。これにより、データの二重入力を防ぎ、正確性を高めることができます。実現のためには、標準的なAPIの設計と実装を行い、各システム間でのデータ同期メカニズムの構築が必要です。その際、1回のログイン認証で各システムに横断的にアクセスできるシングルサインオン（SSO）を導入することで、ユーザーの利便性向上を図ることもできます。

労働環境の改善と福利厚生の充実は、建設業界の持続可能な発展にとって重要な役割を持ちます。働きやすい環境の整備は、従業員の満足度向上や優秀な人材の確保、生産性の向上にもつながります。しかし、そのためには当然コストがかかります。そのコストを適切に管理し、効果を最大化するために、効率的な労務管理システムが求められています。

勤怠管理

建設業の複雑な労働実態と効率的な管理システムの必要性

工事社員は工事現場以外の業務にも追われている

　建設業界における勤怠管理は、他の業界と比較して非常に複雑といわれます。その理由は、工事社員の業務は工事現場での作業だけでなく、事前準備や事後の事務作業など、多岐にわたることにあります。さらに、多様な雇用形態や勤務形態が混在し、複数の現場や事務所を行き来する働き方もめずらしくありません。本節では、建設業の勤怠管理の実態と課題、それらを解決するためのシステム開発について解説します。

　工事社員の仕事は、建設業界でない人からは「現場での作業が主である」と見られがちですが、実際にはそれ以外にも多くの重要な業務が存在します。例として工事社員の1日の流れを追いながら、その業務の多様性の一部を紹介します。

①朝の準備

- 現場到着後、工事開始前に現場の整備を行う
- 安全確認のためポールコーンの設置や危険箇所の点検を実施する
- その日の作業内容を整理し、朝礼の準備を行う

②工事作業

- 実際の工事作業を監督・指導する
- 昼には作業の進捗確認や調整のための打ち合わせを行う

③工事後の業務

- 工事終了後、翌日の準備として図面の作成や修正を行う
- 行政機関への提出書類の作成や処理を行う

• 工事の記録として写真の整理や報告書の作成を行う

④バックオフィス業務
• 発注書の作成や請求書の処理など、経理関連の作業を行う
• 予算実績管理のため工事台帳からデータを抽出し更新する

　これらは工事の品質や進捗管理に必須の業務ですが、同時に工事社員に長時間労働を強いる要因となっています。特に、工事後の業務やバックオフィス業務は紙媒体の管理や業務ごとに個別システムを利用するなど、一貫したデータ管理ができていない実情があります。

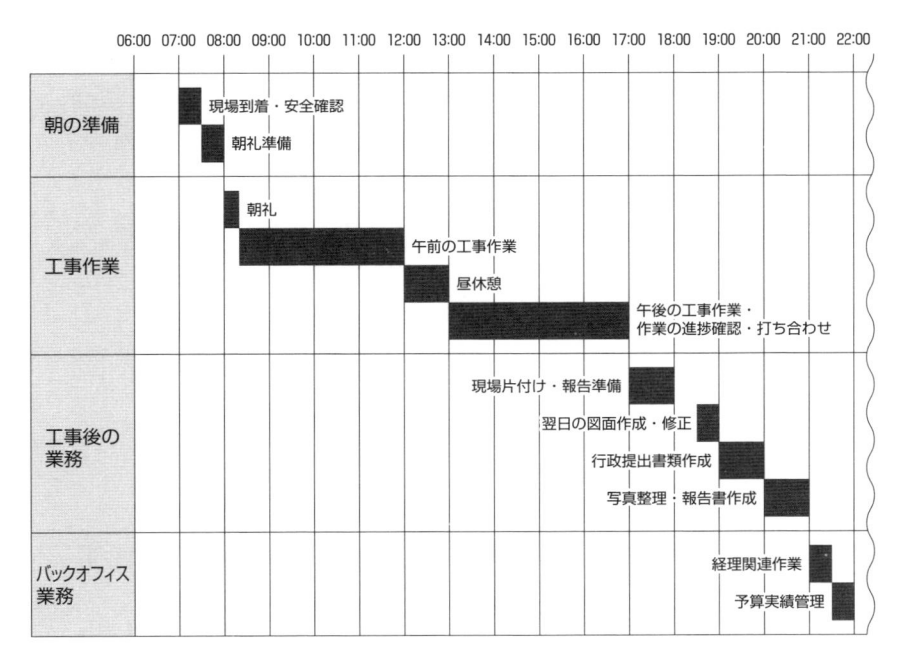

◆**工事社員の1日の業務フロー例**

　この状況に対して、建設業界ではDXを活用した業務効率化の取り組みが進められています。たとえば、**CADソフトウェアの高度化**、**クラウドベースの文書管理システム**、**AI搭載の写真整理ソフトウェア**、**統合型の**

業務管理システムが挙げられます。

CADソフトウェアの高度化では、図面作成の効率を上げ、修正作業の時間を短縮します。クラウドベースの文書管理システムでは、行政機関への提出書類や報告書の作成・管理を効率化します。AI搭載の写真整理ソフトウェアでは工事記録用の写真を自動で分類・整理し、統合型の業務管理システムでは、発注、請求、予算実績管理などのバックオフィス業務を一元化し、データ入力や集計作業を自動化します。

これらを念頭にシステム開発を進めることによって、工事社員の業務効率を大幅に向上させ、長時間労働の削減につなげることができます。システム開発時のポイントとして、**現場での作業と事務作業の連携をスムーズにする仕組み作り**も重要です。たとえば、現場で撮影した写真を自動的にクラウドにアップロードし、AI技術で分類・整理するシステムなどが考えられます。他にも、重複作業の削減やデータの一元管理を実現するためにCADソフトウェア、文書管理システム、写真整理ソフトウェア、業務管理システムなどが個別に存在するのではなく、これらが相互に連携しデータを共有できる**統合プラットフォームの構築**も必要です。

また、システム開発の前には、建設業界の複雑な業務フローを分析して深く理解する必要もあります。さまざまな変化に柔軟に対応できるカスタマイズ性も、多様な働き方が入り組む建設業の勤怠管理システムには求められています。そのためシステム開発者は各段階に適した効率化の手法、柔軟性を持たせるポイントを見極める必要があります。

建設業の勤怠管理の難解さは雇用形態と勤務形態に起因する

建設業界の勤怠管理が特に難しいとされる理由は、複雑に絡み合う雇用形態と勤務形態にあります。この複雑さは、建設プロジェクトの特性や業界の構造に深く根差しており、効果的な勤怠管理システムの設計に大きな課題をもたらしています。

建設現場には、元請け企業の正社員だけでなく、元請け企業の契約社員や協力会社の社員、日雇い労働者、専門工事業者の職人などさまざま

な立場の労働者が混在しています。これらの異なる雇用形態の労働者が同一現場で働くため、統一的な勤怠管理が困難になります。建設業の工事社員は1日の中で本社や営業所、複数の工事現場、取引先や行政機関のオフィスなど複数の場所を移動することがめずらしくありません。この移動を含めた労働時間の正確な把握も課題です。

また、建設工事の性質上、一般的な企業とは異なる不規則な勤務形態が多く存在します。早朝からの作業開始や夜間工事、天候や工程によって勤務時間が変動することや、緊急対応による突発的な勤務も起こります。これらの不規則な勤務時間を適切に管理し、労働基準法に準拠した運用を行うことが求められます。建設プロジェクトの種類や規模、進捗状況によって、勤務体制が大きく異なることもあります。通常の日勤体制だけでなく、交代制勤務や長期出張を伴う現場勤務、短期集中型の突貫工事など、これらの多様な勤務形態に柔軟に対応できる管理システムが必要です。

さらに、建設業は季節や天候の影響を大きく受ける産業です。夏季の熱中症対策による作業時間の調整や冬季の凍結対策による作業開始時間の遅延、雨天時の作業中止や変更などもあります。これらの変動要因を考慮した勤怠管理が求められます。

これらの複雑な要因が絡み合うことで、建設業の勤怠管理は一筋縄ではいかないものとなっており、汎用的な勤怠管理パッケージシステムでは対応することが困難です。そのため、次のような現場の状況に即した特性を持つ勤怠管理システムの開発が求められています。

● 柔軟性

さまざまな雇用形態や勤務形態に対応できる柔軟な設定が求められます。システム開発時には、管理者や現場責任者、一般社員など、**ユーザー権限の階層化設計や、カスタマイズ可能な勤務ルールエンジンの実装**がポイントとなります。シフト制、フレックスタイムなどの多様な勤務形態に対応したインターフェースの設計も必要です。

- リアルタイム性

複数の勤務場所や不規則な勤務時間に対応するため、リアルタイムでの打刻や勤務状況の把握ができることが大切です。実現する上では、**モバイルアプリケーションの開発や、クラウドベースのデータ同期システムの構築**が考えられます。プッシュ通知機能の実装による、即時に情報共有が行える仕組みも有用です。

- 移動時間の管理

現場間の移動や直行直帰の際の労働時間を適切に計算できることが望まれます。そのため、システム開発では**GPSを活用した位置情報トラッキング機能の実装**が考えられます。その他、移動時間と労働時間を区別するアルゴリズムの開発や、出発地点と到着地点の自動認識機能の実装も効率的な移動時間管理につながります。

- プロジェクト別管理

複数のプロジェクトに従事する社員の労働時間を、プロジェクトごとに適切に按分できることも求められます。そこで、**プロジェクトコードと連動した時間入力システムの設計**ができると良いでしょう。

複数プロジェクト間での時間配分を視覚化するダッシュボードの開発や、プロジェクト別のコスト計算機能の実装も有用です。

- 法令遵守機能

労働基準法や36協定に基づいた労働時間の自動チェックや警告機能を持つことは必要です。**最新の労働法規に基づいたルールエンジンの実装を行う、労働時間超過時の段階的警告システムを構築する**といったことが求められます。また、法定報告書の自動生成機能の開発も有用です。

- 天候や季節変動への対応

天候による作業中止や季節に応じた勤務時間の調整を柔軟に反映できることも大切です。**気象情報APIとの連携による自動的な勤務調整機能の**

実装や、季節別勤務スケジュールのテンプレート機能の開発を検討できると良いでしょう。その他、急な天候変化に対応するための緊急連絡システムの統合も、柔軟な調整の実現につながります。

• データ連携

工程管理システムや給与計算システムとのシームレスな連携が可能であることが求められます。そのためには、**標準的なAPIの設計と実装やデータ形式の標準化を行う**必要があります。また、セキュアなデータ転送プロトコルの採用も有用です。

システム開発の際は、使いやすさと導入のしやすさについても考慮する必要があります。たとえば、スマートフォンアプリケーションを活用したGPS連動の打刻システムや二次元コードを使った現場入退場管理など、多様な働き方の中に組み込みやすいUI/UXデザインの検討も必要です。

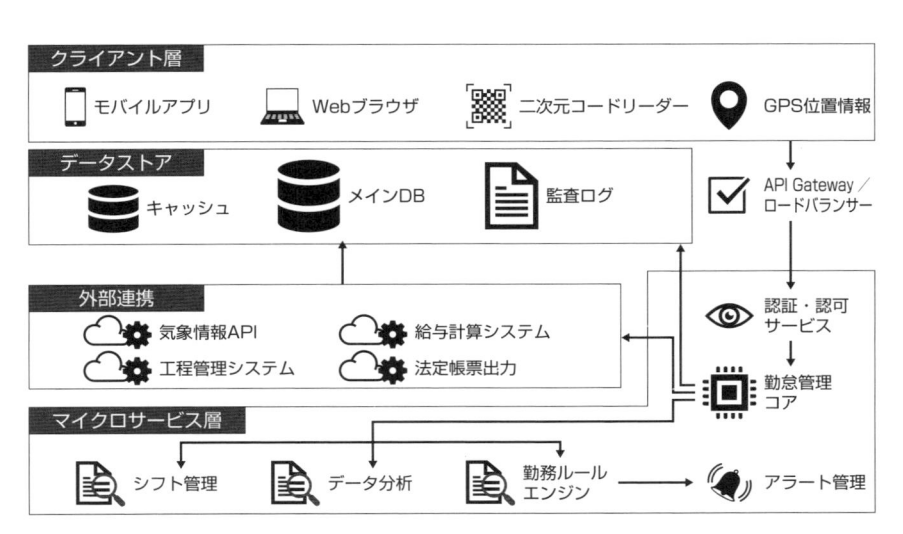

◆勤怠労務管理システムアーキテクチャの概念

勤怠管理の重要性と統合型システムの必要性

働き方改革の推進や労働基準法の改正、そして2024年問題への対応などさまざまな要因が重なる中、建設業界の勤怠管理の重要性は増しています。適切な勤怠管理は、法令遵守はもちろんのこと、従業員の健康管理、生産性の向上、企業の持続可能な成長を支える大きな力になります。

勤怠管理の重要性を挙げると、まず労働基準法や働き方改革関連法に準拠した労働時間管理を行うことで、法的リスクを回避します。過度な長時間労働を防ぎ、適切な休息時間を確保することで、従業員の心身の健康も守ることができます。特に、勤務終了後から次の勤務開始までに一定時間の休息を確保する勤務間インターバル制度の導入は、建設業特有の早朝作業や夜間工事による不規則な勤務形態において、従業員の十分な休養時間確保に有効です。労働時間の可視化により、業務の効率化や無駄な残業の削減も可能になります。

また、正確な労働時間の把握により、従業員の努力を適切に評価し、公平な報酬を提供することができます。プロジェクトごとの労働時間を正確に把握することで、適切な原価管理と利益管理も可能になり、適切な労働環境が提供できれば、優秀な人材の確保と定着率の向上につながります。

これらの重要性を踏まえつつ、前述の複雑な勤務実態に対応するために、統合型の勤怠管理システムの導入が求められます。ここでの統合型システムとは、勤怠管理だけでなく、**工程管理、原価管理、給与計算などの機能を一体化したシステム**を指します。

さらに、2024年問題への対応も重要な課題です。2024年4月から建設業にも時間外労働の上限規制が適用されたことで、より厳密な労働時間管理が求められています。統合型システムにおいて、この規制に対応するためのポイントは次の通りです。

• 36協定の管理機能

労使で締結した36協定の内容をシステムに反映し、自動的に監視する

機能が必要です。具体的には、**36協定の内容をデータベース化し、柔軟に更新できる**よう設計します。従業員個々の労働時間と36協定の条件を照合するアルゴリズムの実装も有効です。また、協定違反の恐れがある場合の段階的なアラート機能の実装（管理者向けダッシュボード、メール通知など）も検討しましょう。

● **変形労働時間制への対応**

建設業で多く採用されている変形労働時間制に柔軟に対応できる設計が求められます。たとえば1月単位、1年単位など、複数の変形労働時間制に対応できるようにします。季節や繁忙期に応じて、**労働時間を柔軟に設定できるインターフェースの開発**や、**変形労働時間制下での適切な割増賃金計算ロジックの実装**も求められます。

● **警告機能の充実**

時間外労働が上限に近づいた際に、従業員と管理者に自動で警告を発する機能が必要です。そのために**リアルタイムの労働時間モニタリングシステムを構築**したり、**段階的な警告レベル設定**（注意、警告、緊急など）と**視覚的な表示機能を実装**したりすることも有効です。プッシュ通知やメールなど、複数の通知チャネルの統合や、管理者向けの一括監視ダッシュボードの開発も望ましいです。

● **長期的な労働時間の集計**

月単位だけでなく、年単位での労働時間の集計と分析が可能な機能が必要です。そのために**大量のデータを効率的に処理できるデータベースを設計**することは欠かせません。

また、カスタマイズしやすい集計期間（月次、四半期、年次など）の設定機能や、機械学習アルゴリズムを活用したトレンド分析や予測機能の実装も考えられます。視覚的にわかりやすいグラフや図表を自動生成する機能の開発も検討しましょう。

- **報告書作成機能**

　労働基準監督署への報告に必要なデータを自動で集計し、報告書を作成する機能があると便利です。具体的には、**労働基準監督署の要求フォーマットに準拠したテンプレートの設計**や、**データの自動抽出と報告書への自動入力機能を実装**できると良いでしょう。PDF出力やデータエクスポート機能の開発、法改正に柔軟に対応できる報告書フォーマットの更新機能の実装も検討しましょう。

　建設業界の勤怠管理は、その複雑さゆえに多くの課題を抱えています。しかし、適切に設計された統合型システムの導入により、これらの課題を解決し業界全体の生産性向上と労働環境の改善につなげることが可能です。

　システム開発時は、この特殊性を十分に理解した上で、使いやすく、柔軟性に富み、かつ法令遵守と業務効率化の両立を実現するシステム開発を意識する必要があります。2024年問題を含む今後の法規制の変更にも柔軟に対応できるシステムを構築することで、建設業界のDX推進と持続可能な成長を支援することができるでしょう。

2024年からの法規制に合わせた工事管理システムの需要

働き方改革の本格適用と建設業界の課題解決に向けたDXの加速

2024年問題の概要と建設業への影響

　建設業界は慢性的に、長時間労働や人材不足などの課題を抱えてきましたが、2024年4月からは、いわゆる2024年問題として知られる働き方改革関連法の全面適用が始まりました。建設業界にも大きな変革が求められ、いよいよ本格的な対処の必要に迫られています。

　本節では、2024年問題の概要と建設業界への影響を解説するとともに、この課題に対応するために求められる工事管理システムのポイントについて詳しく説明します。

　まず、2024年4月から建設業界に全面適用された働き方改革関連法の主要なポイントと、2024年問題として懸念される影響を見てみます。

● 時間外労働の上限規制

　2024年4月1日から、建設業界にも時間外労働の上限規制が罰則付きで適用されています。具体的な上限は以下の通りです。

原則：月45時間、年間360時間
特別条項の場合：年間720時間以内、単月100時間未満（休日労働含む）、複数月平均80時間以内（休日労働含む）

　今までの建設業界では、繁忙期や工期の遅れに対応するため長時間労働が常態化していました。国土交通省の統計によると、2022年の建設業の年間総実労働時間は1,966時間で、全産業平均の1,633時間を大きく上回っています。この状況下で上限規制に対応するためには、業務プロセスの大幅な見直しと効率化が不可欠です。

● 同一労働同一賃金

　建設業界では、正規雇用者と非正規雇用者（派遣社員やアルバイトなど）の待遇差が問題となっていました。2024年4月からは、同一労働同一賃金の原則が適用され、雇用形態による不合理な待遇差を設けることが禁止されています。このルールにより、**賃金体系や福利厚生制度の見直し**が必要となっています。

● 月60時間超の残業割増賃金率の引き上げ

　中小企業に対しても、月60時間を超える時間外労働の割増賃金率が25%から50%に引き上げられることになりました。これにより**長時間労働を抑制するインセンティブが強化され、人件費の増加**が予想されます。

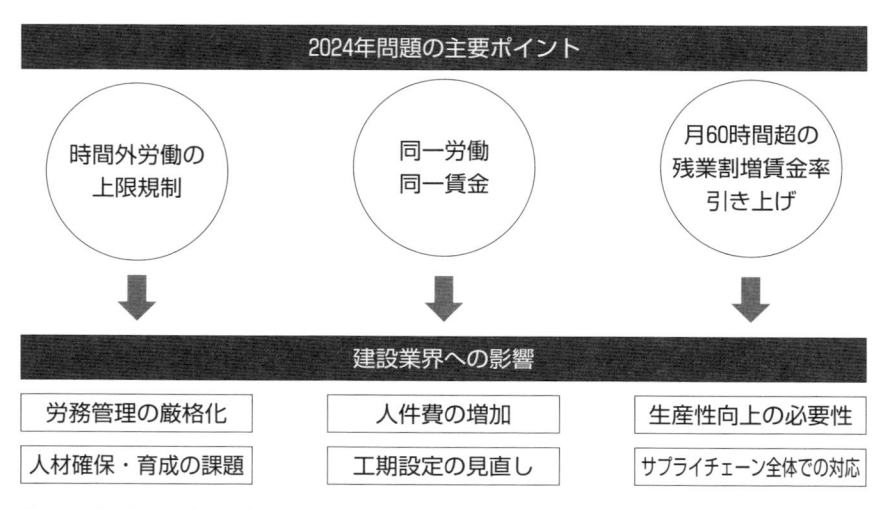

◆2024年問題の主要ポイントと建設業への影響

　これらの法改正によって、時間外労働の上限規制に対応するため、より厳密な労務管理が求められます。特に、複数の現場を掛け持ちする従業員の労働時間管理が課題となります。同一労働同一賃金の適用や残業割増賃金率の引き上げでは、人件費の増加が避けられません。これは特に中小企業にとって大きな負担となる可能性があります。また、労働時

間の制限と人件費の増加に対応するため、業務効率の大幅な改善が不可欠です。これまで以上に、ICTやAIなどの先端技術の活用が求められるでしょう。

労働環境の改善は若手人材の確保にとってプラスに作用する可能性がありますが、同時に熟練技能者の残業時間削減によって業務研修のための時間が減り、職人技術継承の機会が減るリスクもあります。他にも、今までの慣習的な工期設定では時間外労働の上限規制への対応が困難なため、より現実的で余裕のある工期設定が必要になります。これらの対策を行うためにも、元請企業だけでなく、下請企業を含むサプライチェーン全体で働き方改革に対応する必要があります。これにより、業界全体の構造改革が促進される可能性があります。

建設業界にとって、2024年問題への対応は避けては通れない課題です。長年の慣習や業界特有の習慣を変革する必要があり、単なる労務管理の厳格化だけでは不十分です。業務プロセスの抜本的な見直しと、それを支援するITシステムの導入が不可欠となります。特に、労務管理、工程管理、原価管理などを統合的に扱えるシステムの需要が高まると予想されます。

求められる工事管理システムのポイント

2024年問題への対応として、建設業界では業務効率化と労働時間短縮が喫緊の課題となっています。これらの課題を解決するためには、適切なシステム開発とその浸透が不可欠です。ここでは、建設業界で求められる工事管理システムのポイントについて、**工事作業の効率化**と**事務作業・バックオフィス業務の効率化**の2つの領域に分けて解説します。

工事作業の効率化

工事現場での作業効率を向上させるために、以下のような最新技術の導入が進んでいます。

• ドローンを活用した測量

従来、人力で行っていた測量作業をドローンで行うことで、作業時間を大幅に短縮できます。たとえば、2時間かかっていた測量作業が15分程度で完了するケースもあります。また、最新のドローン技術では高精度の測量が可能となり、国土交通省にも認められるレベルの精度を実現しています。

• BIM/CIMの活用

BIM（Building Information Modeling）とCIM（Construction Information Modeling）は、建設プロジェクトの計画、設計、施工、維持管理までの全過程をデジタル技術を使って効率的に管理する手法です。簡単にいえば、建物や構造物の「デジタル版の設計図」と「そのライフサイクル全体の情報」を組み合わせたものです。

従来の2D図面と異なり、BIM/CIMでは**建物や構造物を3Dモデルで表現し、そこにさまざまな情報（材料、コスト、工程、メンテナンス情報など）を紐づけます**。これにより次のようなことが可能になります。

- 設計ミスの早期発見
- 施工前の問題点の把握
- 工程の最適化
- 維持管理の効率化

たとえば、PCの画面上で建物の3Dモデルを見ながら、壁をクリックすると「この壁の材質は何か」「いつ施工されるか」「耐用年数は何年か」といった情報が即座にわかるようなイメージです。

BIMは主に建築分野で、CIMは主に土木分野で使用されますが、基本的な概念は同じです。これらの技術により、建設プロジェクト全体の効率化と品質向上が期待されています。

- **ICT建機の導入**

　3次元設計データと連動したICT建機を使用することで、熟練オペレーターの技能に頼らず、高精度な施工が可能になります。これにより、作業効率の向上と人材不足の解消が期待できます。

- **AR/VRの活用**

　AR（拡張現実）やVR（仮想現実）技術を用いることで、現場での作業指示や安全教育の効率化が図れます。また、設計段階での問題点の早期発見にも役立ちます。

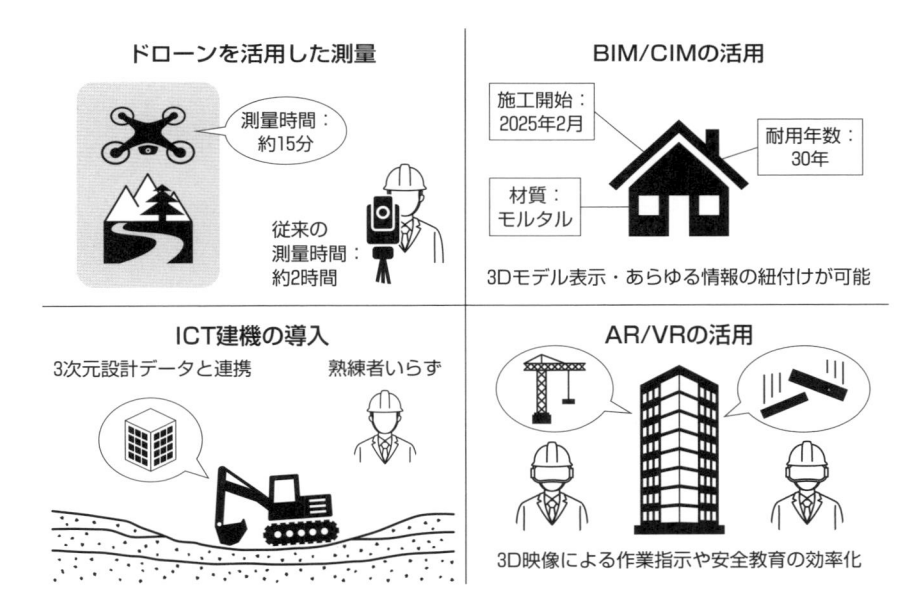

◆**工事現場の作業効率を上げる最新技術**

事務作業・バックオフィス業務の効率化

　工事作業以外の業務効率化も、労働時間短縮のために重要です。この領域では特に、一気通貫の統合型業務システムが強く求められます。

● 統合型業務システムの必要性

建設業界では、経理会計、原価管理、承認フロー、勤怠管理など、多岐にわたる業務が存在します。これらを個別システムで管理すると、データの二重入力や整合性の問題が発生してしまいます。そこで、すべての業務を一元管理できる統合型システムが必要とされています。

● 統合型システム開発の課題

建設業界特有の複雑な業務フローや契約形態が統合型システムの開発を困難にしています。たとえば、元請け・下請けの重層構造や工事ごとに異なる契約条件など、標準化が難しい要素が多く存在します。そのため、現時点では建設業界向けの統合型パッケージソフトはほとんど存在していません。

建設業界向けの統合型システムには、柔軟な工程管理機能や複雑な原価管理への対応、多様な契約形態に対応した請求・支払管理、リアルタイムの進捗管理と予実管理、モバイル対応による現場からのデータ入力、法令遵守を支援する機能（労働時間管理、安全管理など）のような特徴を持つことが求められます。

◆統合型工事管理システムの概要

主要機能	詳細機能
工程管理	工程計画、進捗管理、リソース配分
原価管理	予算管理、実績集計、原価分析
労務管理	勤怠管理、労働時間集計、技能者管理
資材管理	在庫管理、発注管理、納品管理
品質＆安全管理	品質検査記録、安全教育、事故報告
文書管理	図面管理、報告書作成、承認フロー
財務会計	請求管理、支払管理、財務分析

● データの一元管理と分析

統合型システム最大の利点は、すべての業務データを一元管理できることです。統合型システム開発により次の項目の実現が望まれます。

①重複入力の削減によるヒューマンエラーの防止

　統合型システムでは、一度入力されたデータを複数の業務プロセスで共有し、再利用することが可能です。これによりデータの重複入力を防ぎ、ヒューマンエラーのリスクを大幅に低減できます。

　システム開発において特に重要となるのが、**マスターデータ管理（MDM）の実装**です。プロジェクトや従業員、取引先などの基本情報を一元管理することで、データの整合性を確保します。さらに、OCR技術やIoTデバイスを活用した自動データ収集を導入することで、手作業による入力作業を最小限に抑えることができます。また、入力値の妥当性を自動で確認するデータ整合性チェック機能を実装することで、エラーを防ぐことが可能です。これらの機能を効果的に活用するためには、直感的で使いやすい入力フォームの設計も欠かせません。

②リアルタイムでの経営状況の把握

　工程進捗、原価、労務状況などの情報をリアルタイムで集約し、経営者や現場責任者が即座に現状を把握できることは、統合型システムの大きなメリットです。

　この機能を実現するためには、**現場端末からのデータをサーバーと即時に同期する仕組み**が必要です。また、重要な経営指標をビジュアル化して表示できるダッシュボード機能や、予算超過や工程遅延などの問題をリアルタイムで通知するアラート機能も重要な要素となります。スマートフォンやタブレットから経営状況を確認できるモバイル対応機能を実装することで、場所を問わず必要な情報にアクセスできる環境を整えることができます。

③データ分析による業務改善点の発見

　蓄積されたデータを分析することで、業務プロセスの非効率な部分や改善可能な点を客観的に把握できます。これにより効果的な業務改善策を立案することが可能になります。

　システム開発では、**長期的なデータ分析を可能にするデータウェアハウ**

スの構築が重要です。さらに、ユーザーが必要な分析レポートを柔軟に作成できる機能や、大量のデータから有意義なパターンや相関関係を発見するデータマイニング機能を実装することで、より踏み込んだ分析が可能となります。

④AIを活用した予測分析や最適化提案

蓄積されたデータをAIで分析することで、将来の傾向予測や最適な意思決定の支援が可能になります。たとえば、工期予測、コスト予測、リスク分析などに活用できます。

システム開発では、**過去のプロジェクトデータを学習し、将来の予測が行える機械学習モデルの導入**が必要です。また、さまざまな条件下でのプロジェクト結果をシミュレートする機能や、資源配分や工程計画の最適化を支援する最適化アルゴリズムの実装も効果的です。さらに、新しいデータが追加されるたびに予測モデルを自動更新する継続的学習機能を含めることで、より精度の高い予測ができるようになります。

システム開発時には、これらの要件を満たしつつ、使いやすさと拡張性を兼ね備えたシステムを設計することが大きな課題となります。特に統合型システム実現のためには、複雑な既存の業務フローを理解した上でシステム化の方向性を深く検討するべきです。

2024年問題に対応するための工事管理システムは、建設業界の業務全体を効率化し、生産性を向上させる統合的なソリューションである必要があります。この問題への対応は、建設業界にとって喫緊の課題ですが、システム開発側から見れば、DXを加速させる好機でもあります。アナログな業務プロセスからの移行を成功させ、業界全体の業務効率化を実現することが、システム開発担当者の使命であるといえます。

第 9 章

工事管理における
テクノロジーの潮流

9-1 建設現場で用いられるロボティクス技術

人材不足時代を乗り越えるRXの可能性と現状

建設業のロボティクス技術の現在地

　建設業界では、深刻化する人材不足や働き方改革への対応が喫緊の課題となっています。これまでの章では主に事務的作業のデジタル化（DX）について触れてきましたが、本章では建設現場における作業の効率化・自動化に焦点を当て、ロボット技術の活用が建設業界にもたらす変革、その現状と可能性について解説していきます。

　従来、建設現場では人力に頼る作業が多く、労働集約型の産業として知られてきました。しかし、年々進む人材不足への対策や、働き方改革のための業務効率化を目指すために、工事現場への**ロボティクス技術の導入**が加速度的に進んでいます。

　たとえば、大規模な土地造成や道路工事などで活用される技術として、**重機の自動制御技術**が登場しています。ショベルカーやロードローラーなどの重機に設計図面のデータを読み込ませることで、熟練の作業員が操作しているかのように高精度で効率的な作業を自動で実現できます。

　その他にも、建設現場ではより細やかな作業もロボットに代替され始めています。その代表例が「墨出しロボット」です。次ページ図にある日立チャネルソリューションズの「SumiROBO」や未来機械の「SUMIDAS」などが、既に活躍の場を広げています。SumiROBO、SUMIDAS共に設計図面データを読み込ませることで熟練の職人と変わらない精度の墨出し作業を実行します。墨出し作業とは、設計図面に基づいて壁や柱の位置を床面に描き出す作業のことで、建築工事の初期段階で重要な役割を果たします。

　墨出しロボットは、一般家庭で普及している自走式掃除ロボットに似た外観を持ちますが、より大型で頑丈な設計となっています。設計図面

SumiROBO　　　　　　　　　SUMIDAS

・設計図面に基づいて壁や柱の位置を床面に描き出す墨出し作業もロボットが行える
・設計図面のデータを読み込ませると、床面にマークなどを自動で描き出す

◆墨出しロボットの一例

のデータを読み込ませると、床面を自動で走行し、停止後にマークなどを描いていきます。また、家庭用ロボット掃除機と異なり、墨出しロボットは比較的重量があるため、建設現場での事故を未然に防ぐために衝突や落下を防止するセンサーを搭載したモデルもあります。

　さらに、自動車工場などで見られる**ロボットアームの導入**も進んでいます。高層ビルの建設における柱の溶接作業や、鉄骨への耐火被覆の吹き付け作業などに応用されています。これらの作業は何度も繰り返す必要があり、かつ精度が要求されるため、ロボットアームの特性が活きる分野といえます。

　このようにロボティクス技術の導入は、大規模な土木工事から細やかな建築作業まで、幅広い範囲で進んでいます。これらの技術導入により、作業の効率化、精度向上、そして労働環境の改善が期待されています。

建設業の「RX」

　「**RX**」とは「ロボティクス・トランスフォーメーション（Robotics Transformation）」の略称で、ロボット技術を活用して業務プロセスや企業文化に変革をもたらす取り組みを指します。これは、デジタル技術を活用して業務や組織を変革する「デジタル・トランスフォーメーション（DX）」の概念になぞらえたものです。

建設業界におけるRXの具体例には、前述の墨出しロボットや溶接ロボットなどがあります。他にも、大手ゼネコン各社が主導して次のようなさまざまなロボットが開発されています。

● 自動搬送ロボット

　建設資材を自動で運搬するロボットです。大林組が開発した「低床式AGV」などがあります。このロボットは、タブレット端末での簡単な操作で指示を出すことができ、自動で資材を探索し目的地まで運搬します。技術的特徴としては、**高精度なセンサーと自己位置推定技術を備え、複雑な建設現場でも安全に自律走行が可能**な点が挙げられます。大型の建築資材や重量物の運搬作業、特に夜間や作業員が少ない時間帯での資材搬送に活躍が見込まれます。このロボットを導入することで、作業員の肉体的な負担の軽減、24時間稼働による作業効率の向上、人手不足対策、そして作業の安全性向上が期待できます。

● 点検・巡視ロボット

　建設現場の品質管理や安全確認を行う四足歩行ロボットです。大成建設の「T-iRemote Inspection」などが挙げられます。**四足歩行機構を採用しているため、階段や障害物のある不整地でも安定して移動できる**ことが特徴です。高解像度カメラやセンサーを搭載し、遠隔からの操作・監視が可能で、AIによる画像認識技術で異常や危険箇所を自動検出します。建設現場の定期的な安全パトロール、高所や危険箇所の点検、夜間や休日の現場監視などのシーンで活躍します。人間が立ち入りにくい危険箇所の点検ができ、24時間365日の連続監視体制の実現、点検結果の客観的な記録と分析、現場監督者の負担軽減などのメリットをもたらします。

● 自立型多機能作業ロボット

　清水建設の「自立型多機能作業用建設ロボット」は、溶接作業や運搬作業など、複数の作業をこなすことができます。**2本のロボットアームを搭載し、多様な作業に対応できる**ことが特徴です。画像センサーとレ

ーザーセンサーを用いた高精度な作業位置の認識、BIM（Building Information Modeling）データと連携した自動作業計画といった技術を備えています。

　想定される活躍シーンは、高層ビル建設における鉄骨の溶接作業、天井ボードの取り付けや内装材の施工、重量物の持ち上げや精密な位置決め作業などです。このロボットの導入により、高所作業や危険作業の自動化による安全性向上、24時間連続稼働による工期短縮、熟練工不足への対応、高精度・高品質な作業の実現が期待できます。

　このようなRXの取り組みは個々の企業だけでなく、業界全体で推進されています。2020年に設立された「建設RXコンソーシアム」は鹿島建設、竹中工務店、清水建設などの大手ゼネコンを中心にロボット・IoTアプリケーション関連の研究開発を行っています。このコンソーシアムでは技術開発の重複解消やロボットの相互利用、価格低減・普及促進を目的に活動を展開しており、多くの建設関連企業が参加しています。

　しかし、RXの推進には高額な初期投資、ロボット導入に伴う従業員の再教育、既存の作業プロセスの見直しなどの課題があります。また、これまで第一線で能力を発揮していた熟練の作業員の技術を無駄にしない、適材適所なシフトのさせ方も検討しなければなりません。

　これらの課題を解決するためには、業界全体での取り組みが不可欠です。前述の建設RXコンソーシアムのような企業の枠を超えた協力体制の構築が技術開発の効率化やコスト低減につながると考えられます。政府による支援策や教育機関との連携による人材育成も、RXの推進には欠かせません。

　DXとRXは建設業界の未来を支える両輪といえるでしょう。DXによる事務作業の効率化とRXによる現場作業の自動化・効率化が相まって、業界全体の生産性向上と労働環境改善の実現が期待されています。ロボティクス技術は人材不足が進む建設業界にとって、まさに救世主となる可能性を秘めた技術といえます。

建設業界の技術革命「BIM/CIM」

　建設業界は、長年2次元の図面を中心に設計や施工を行ってきました。しかし、近年3Dモデルを活用した**BIM/CIM**という新しい手法が注目を集めています。このアプローチは、建設プロジェクトの可視化や効率化を大きく促進し、業界全体に変革をもたらす可能性を秘めています。本節では、BIM/CIMの概要や3D技術が建設業界にもたらすメリット、そしてシステム開発者が考慮すべき点について詳しく見ていきます。

　BIM/CIMとは、「ビルディング／コンストラクション・インフォメーション・モデリング（Building Information Modeling/Construction Information Modeling）」の略称で、建設プロジェクトの計画、調査、設計段階から3次元モデルを導入し、その後の施工、維持管理の各段階においても3次元モデルを連携・発展させていく手法です。従来の2次元図面による管理から3次元モデルによる管理への移行は、建設業界におけるひとつのパラダイムシフトといえるでしょう。特徴は**建築物や構造物の各要素の情報（材料、強度、コストなど）を統合的に管理できる**点にあります。これにより設計段階から施工、原価管理、さらには完成後の維持管理に至るまで、一貫した情報管理が可能となります。

　BIMは、建築物の設計・施工に特化したシステムです。建物の部材情報や設備配置、施工手順、コストなど、建築に関わる情報を3次元モデルで一元管理します。設計段階での不整合の発見や施工時の作業効率向上に貢献します。CIMは、土木工事に特化したシステムです。道路や橋梁、トンネルなどのインフラ整備において、地形や地質データも含めた3次元モデルを作成します。現場での施工シミュレーションや安全管理、完成後の維持管理まで幅広く活用されます。

BIM/CIMの構成要素

(3次元モデル) (属性情報) (参照資料)

BIMは「建築分野」

【例】商業施設

【例】ビルや病院

CIMは「土木分野」

【例】ダム

【例】道路や橋梁

◆3Dモデルを活用した新たな手法

　BIM/CIMの導入によるメリットには次のようなことがあります。

● **設計ミスの早期発見**

　3Dモデルを用いることで、2D図面では見落としがちな干渉や不整合を視覚的に確認しやすくなります。これにより、設計段階でのミスを減らし、後の工程での手戻りを防ぐことができます。

● **施工シミュレーションの実現**

　3Dモデルを用いて施工手順をシミュレーションすることで潜在的な問題点を事前に把握し、より効率的な施工計画を立てることができます。

● **コスト管理の精度向上**

　3Dモデルに材料や部材の情報を組み込むことで、必要な数量をより

正確に把握することが可能となり、コスト管理の精度が向上します。

● 関係者間のコミュニケーション改善

3Dモデルを用いることで、直感的に建物や構造物のイメージを把握できるため、発注者や地域住民との合意形成がスムーズになります。

● 維持管理の効率化

完成後の建築物や構造物の情報を3Dモデルとして保持することで、将来の修繕や改修時に必要な情報を容易に参照できます。

しかしながら、BIM/CIMの導入にはいくつかの課題も存在します。中でも技術者不足は、建設業界とBIM/CIMの未来に直結する重要な課題です。まだ黎明期の技術分野であるために、3Dモデリングのスキルや、BIM/CIMのワークフローに精通した人材が業界全体で不足しており、多くの企業が人材育成に苦心しています。また、既存のシステムやワークフローとの整合性をどのようにとるかも重要な課題です。2次元図面ベースから3Dモデルベースのプロセスへの移行には、単なるツールの変更だけでなく、業務プロセス全体の見直しが必要となります。

一方、システム開発者の視点から見ると、まだ発展途上である現状は大きなチャンスだといえるでしょう。BIM/CIMに対応したソフトウェアやシステムの需要は今後さらに高まると予想されます。特に、以下のような領域でシステム開発のニーズが高まると考えられます。

- 3Dモデリングソフトウェア
- 3Dモデルと2D図面の連携ツール
- 3Dモデルを活用した施工シミュレーションソフトウェア
- BIM/CIMデータの共有・管理プラットフォーム
- 3Dモデルを用いたコスト管理システム

BIM/CIMは、建設業界に革命をもたらす可能性を秘めた技術です。

この分野でのシステム開発に成功すれば、建設業界全体の変革をけん引する重要な役割を果たすことができるでしょう。

建設業界と3D技術の相性

建設業界と3D技術は非常に相性の良い組み合わせです。建築物や構造物は本質的に3次元の存在であり、それを2次元の図面で表現することには常に限界がありました。3D技術の導入により、これらの限界を克服し、直感的で効率的な設計・施工プロセスを実現することができます。

3D技術の中でも、特にVRとARは建設業界に大きな変革をもたらす可能性を秘めています。これらの技術はBIM/CIMと組み合わせることで、さらに強力なツールとなります。また、VRとAR双方の特徴を併せ持つMR技術についても、将来的な期待が持たれます。以下にそれぞれの活用例を挙げます。

VR技術の活用例

完成前の建築物内部を歩き回り、完成後の空間を擬似的に体験することができます。設計段階での問題点の早期発見や、クライアントとのイメージ共有が容易になります。

危険な作業や緊急時の対応をVR空間でシミュレーションすることも可能です。実際の事故リスクを低減しつつ効果的な訓練が可能になります。また、現場の3DスキャンデータをVR空間に再現することで、遠隔地からでも現場の状況を詳細に確認できます。

AR技術の活用例

タブレットやスマートグラスを通して、現場に3Dモデルを重ね合わせて表示することで、計画と現実のギャップを視覚的に確認できます。

また、壁や床の中の配管や配線の位置をAR表示することで、メンテナンス作業を効率化できます。複雑な組み立て作業のAR表示により、作業者のミスを減らし作業効率を向上させることもできます。

MR技術の活用例

3Dデータから現実にモデリングをすることなく、ゴーグルを通して見ることで、その場にモックアップが浮かび上がります。模型制作のコストも削減できます。

建造物の荷重データを現実世界の工事現場でMRゴーグルを通して重ね見ることで、建造物の荷重状況を目視することもできます。また、設計図や工程表など、さまざまな工事関係資料をゴーグル越しにいつでも確認できます。

VRを用いた安全訓練やARによる危険箇所の可視化、MRによる現実とデジタルの融合は、現場の安全性向上に貢献します。さらに、設計から施工、維持管理に至るまで、各段階での業務効率が改善されます。

一方で、建設業界にとっては未開の技術であるため、技術者不足や導入コストの高さといった課題も存在します。

3D技術は顧客との関係性構築にも有効

3D技術の活用は、建設業務の効率化だけでなく、顧客との関係性構築にも大きな影響を与えます。特に、専門知識のない顧客にとって、従来の2D図面では設計内容や施工プロセスは理解しづらいものでしたが、3D化によって直感的に把握することが可能になります。

たとえば、3Dモデルを使用したプロジェクトの可視化は、完成イメージを明確に伝え、顧客の期待と実際の成果物のギャップを最小限に抑えます。また、デジタルデータであるため、顧客の要望への柔軟な対応が可能になります。完成後も3Dモデルは維持管理に活用でき、修繕や改修時の説明を容易にします。さらに、大規模プロジェクトでは地域住民への理解促進にも役立ち、事業全体のスムーズな進行を支援します。

これらの効果により、顧客との信頼関係を強化し、長期的なパートナーシップを築くことが可能になります。3D技術を活用した先進的なアプローチは、企業のブランドイメージ向上にもつながるでしょう。

システム開発の観点から見ると、これらの顧客との関係性構築を支援

するツールの開発を成功させるためには、専門知識を持たない顧客でも自身の手で直感的に操作できるユーザーインターフェースの設計が重要になります。また、大容量の3Dデータをスムーズに処理し、異なるデバイス間で共有できる機能も求められるでしょう。

建設業界における3Dモデル技術の現状は、まだ発展途上の段階です。しかし、その潜在的な可能性は非常に大きく、今後急速に普及していくことが予想されます。国土交通省も2023年度から小規模工事を除くすべての詳細設計・工事でBIM/CIMの原則適用を打ち出しており、業界全体での導入が加速しています。

システム開発者にとっては、変革期にある建設業界のニーズを的確に捉え、効果的なソリューションを提供することが重要になります。3D技術と既存のシステムを連携させ、シームレスなワークフローを実現するインテグレーションや、クラウドベースの3Dデータ管理システムの開発などの需要の高まりが想定されます。

また、建設業界特有の規制や基準にも対応する必要があります。たとえば、国土交通省が定めるBIM/CIMに関する各種ガイドラインや、建築確認申請に関する法規制などを考慮したシステム設計が求められます。

3Dモデルを採用した建設計画の可視化は、建設業界に革命をもたらす可能性を秘めています。技術の進歩とともに、今後はVRやAR、さらにはAIやIoTなどの先端技術と3Dモデルの融合が進むことも予想されます。近い将来、これらの技術を統合し、建設プロジェクトの計画から完成後の維持管理まで、一貫してサポートできるシステムの開発が求められるでしょう。

クラウド技術を活用した 原価計算・原価予測の向上

BIM/CIMとバックオフィスシステムの連携がもたらす建設業の未来

BIM/CIMと原価管理システムとの連動

　BIM/CIMの進歩と、クラウドベースの原価管理システムの連携は、建設プロジェクトの管理方法を根本から変える可能性を秘めます。本節では、これらの技術融合がもたらす新たな可能性と、システム開発者が考慮すべき重要なポイントについて解説します。

　BIM/CIMと原価管理システムの連携の目的は、**3Dモデルに埋め込まれた詳細な部材情報と、リアルタイムの原価データを組み合わせること**で、建設プロジェクトの効率と正確性の向上を図ることにあります。BIM/CIMの3Dモデル作成時には、使用する部材の種類、寸法、数量、仕様などの情報を反映することが重要です。この情報を基礎として原価管理システムへ連携させることにより、原価計算の精度向上が図れます。

　システム開発時に実装を検討すべきポイントには、**データ連携の自動化**、**リアルタイム更新機能**、**柔軟なデータ構造**、**UIの最適化**、**セキュリティの確保**などが挙げられます。データ連携の自動化では、BIM/CIMソフトウェアと原価管理システム間のデータ連携を自動化し、ヒューマンエラーの可能性を極力減らします。リアルタイム更新機能では3Dモデルの変更や価格データの更新が即座に反映される仕組みを構築します。柔軟なデータ構造では、多様な部材情報や価格情報を柔軟に取り扱えるデータ構造を設計します。UIの最適化では、3Dモデル制作部門と原価管理部門という、複数の部署をまたぐシステムであるため、異なる専門性を持った従業員間で、どちらにも直感的な操作を実現するUIの検討が必要です。セキュリティの確保では機密性の高い原価情報を適切に保護するセキュリティ機能を実装します。

　この連携を実現することで、ある部材の価格が上昇した場合、システ

ムは自動的にその影響を計算し、代替案を提案することもできます。また、進捗に応じて将来のキャッシュフローを予測し、資金調達の最適なタイミングを提案するなど、財務管理の面でも大きな支援となります。

さらに、この連携は原価管理の精度向上だけでなく、プロジェクト全体の最適化にも貢献します。たとえば、ある設計変更が原価に与える影響を可視化できれば、コストと品質のバランスを考慮した意思決定が可能になります。また、複数の設計案の原価シミュレーションを短時間で行うことで、最適な設計を選択する際の判断材料として活用できます。

システム開発者は、このような高度な機能を実現するために、機械学習やAIなどの先端技術の導入も視野に入れる必要があります。たとえば、過去のプロジェクトデータを学習したAIが、現在のプロジェクトの特性に基づいて最適な部材選択や工法を提案するシステムも考えられます。

クラウドを利用した高度な情報連携

クラウド技術の活用は、BIM/CIMと原価管理システムの連携をさらに強力なものにします。クラウドベースのシステムを構築することで、プロジェクトにかかわるすべての関係者が、リアルタイムで最新の情報にアクセスできるようになります。これにより、情報の一元管理と共有が格段に容易になり、プロジェクト全体の効率が大幅に向上します。

クラウドベースのシステムを構築する際のポイントは次の通りです。

● データ同期の最適化

オフライン作業時のデータ同期は、分散システムの課題のひとつです。最新のデータ同期アルゴリズムを採用し、ネットワーク接続が不安定な環境でも確実にデータを同期できるようにします。また、バージョン管理システムを導入し、変更履歴を追跡可能にすることで、コンフリクト解決を容易にします。

● API設計

RESTful APIやGraphQLなどの現代的なAPI設計パターンを採用し、

外部システムとの連携を容易にします。API設計時には、セキュリティ、バージョン管理、レート制限、ドキュメンテーションツールの導入を考慮します。異なるバージョンのAPIを並行して運用できる設計とし、システムの更新や機能追加を円滑に行えるようにします。またリアルタイム双方向通信機能の実装も検討し、データの即時反映を可能にします。

● フロントエンド層の実装

システムのユーザーインターフェースでは、直感的なUI/UXを実現し、3Dモデルの表示やダッシュボード機能を提供します。リアルタイム更新により、データの変更が即座に画面に反映され、ユーザーは常に最新の情報にアクセスできます。

● セキュリティ層の整備

マルチテナント管理とアクセス権限制御により、プロジェクトや組織ごとのデータ分離を実現します。データの暗号化や監査ログ管理を通じて、機密性の高い原価情報や設計データを確実に保護します。

● マルチテナント対応

複数のプロジェクトや企業が同じシステムを利用できるよう、マルチテナント構造を採用します。共有データベース・共有スキーマアプローチやテナントごとの個別データベースアプローチなど、セキュリティと運用効率のバランスをとりつつ適切な方式を選択します。また、テナント固有のカスタマイズを可能にするため、プラグインアーキテクチャの採用も検討します。

● データバックアップと復旧

自動化されたバックアップシステムを構築し、定期的なフルバックアップと増分バックアップを組み合わせます。地理的に分散したストレージを利用し、災害時のデータ損失リスクを低減します。また、ポイントインタイムリカバリ（PITR）を可能にし、任意の時点へのロールバッ

クを実現します。復旧手順をドキュメント化し、定期的な復旧訓練を行うことで、緊急時の対応力を高めます。

● パフォーマンスの最適化

大規模データ処理に適したNoSQLデータベースの採用を検討します。インデックス設計を最適化してクエリパフォーマンスを、キャッシュ層を導入して頻繁にアクセスされるデータの読み取り速度を向上させます。また、CDNを活用して静的コンテンツの配信を最適化し、全体のレスポンス時間を短縮します。負荷分散技術を導入し、システムの水平スケーリングを容易にすることで増大するデータ量と利用者数に対応します。

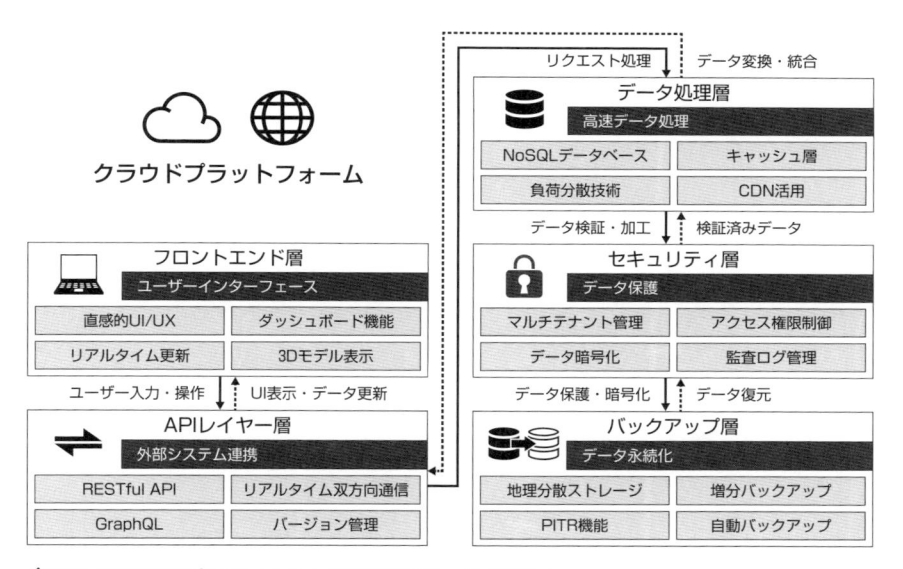

◆BIM/CIMクラウドシステムの設計概要と処理フロー

クラウドベースのシステムは、BIM/CIMと原価管理の連携だけでなく、企業全体の経営管理にも大きな影響を与えます。たとえば複数のプロジェクトのデータを統合分析することで、建設企業は全社的視点でのプロジェクト管理と戦略的な意思決定が行えます。以下に例を挙げます。

● プロジェクトポートフォリオ管理

クラウドシステムにより複数プロジェクトの進捗、リソース使用、財務状況をリアルタイムで比較分析できます。これにより、プロジェクト間のリソース再配分や相互依存関係の把握が容易になり、企業全体の最適化が図れます。たとえば、あるプロジェクトの遅延時に、他プロジェクトからの最適なリソース移動を提案できます。

・予測分析

機械学習を用いて過去のプロジェクトデータを分析し、新規プロジェクトの成功確率や潜在的問題を高精度で予測します。プロジェクトの特性（規模、場所、工法など）と結果（コスト、工期、品質）の関係を学習し、より精緻な原価予測や工期設定が可能になります。

● リスク管理

個別プロジェクトを超えた企業全体のリスク評価が可能になります。天候、地盤条件、資材価格変動などのリスク要因をリアルタイムでモニタリングし、AI技術を活用して潜在的リスクを検出します。これにより、戦略的なリスクテイクと適切なリスク回避のバランスをとれます。

● 経営指標のリアルタイム把握

主要経営指標の常時更新と相互関係の分析が可能になります。特定プロジェクトタイプの利益率低下傾向の早期検出や、業界平均との比較が容易になります。AIによる将来予測も可能となり、経営陣の迅速かつ的確な意思決定を支援します。

● サプライチェーン最適化

複数プロジェクトの資材需要を統合分析し、最適な発注計画を立案します。市場価格動向、リードタイム、保管・運送コストなどを考慮し、機械学習で需要予測精度を高めます。サプライヤー評価システムとの統合により、品質、納期、価格競争力を総合的に判断した最適なサプライ

ヤー選定も可能になります。

　システム開発者は、これらの高度な分析機能を実現するために、ビッグデータ分析技術やBIツールの統合も考慮する必要があります。また、経営層向けのダッシュボード機能など、データをわかりやすく可視化する仕組みも重要です。

　さらに、クラウドベースのシステムは、外部データとの連携も容易にします。たとえば、気象データ、為替レート、原材料の市場価格など、プロジェクトに影響を与える外部要因のデータをリアルタイムで取り込み、分析に活用することができます。これにより、より精度の高い原価予測や、外部環境の変化への迅速な対応が可能になります。

第 10 章

工事管理システムの
今後の課題と対策

10-1 法規制に対応した適時適正な労働管理

2024年問題を踏まえた建設業界におけるDXの重要性と課題

最新の法規制に対応した労働時間管理の重要性

　建設業界では、2024年問題といわれる新たな法規制が施行され、適正な労働時間管理がより一層求められるようになりました。長時間労働が常態化していた建設業界にとって、労働時間管理の適正化は喫緊の課題といえるでしょう。本節では建設業界特有の労働形態を踏まえつつ、新たな法規制に対応するためのシステム開発における要点を解説します。

　2024年4月から適用された「時間外労働の上限規制」により、原則として月45時間、年360時間を超える時間外労働が禁止されました。加えて、臨時的に特別な事情がある場合でも、**年720時間、単月100時間未満、2〜6カ月平均80時間以内**という上限が設けられています。

　規制に違反した場合、企業には罰則が科せられるだけでなく、建設業界の場合は公共工事の入札参加資格の停止などの措置が執られる可能性もあります。つまり労働時間管理の適正化は企業にとって守るべき重要な義務であると同時に、ビジネス上の大きなリスク要因でもあるのです。

　しかし、労働時間管理にはさまざまな課題が存在しています。たとえば、工事の進捗状況や天候によって労働時間が大きく左右されること、現場が点在していて労働時間の集計が難しいことなどが挙げられます。また、労働基準法の規定は複雑であり、それを現場の管理者や作業員が正確に理解し、適切に運用することは容易ではありません。

　したがって、システム開発の際には残業可能な時間数をわかりやすく表示するなど、利用者の立場に立った機能設計が求められます。複雑な法規制の内容を踏まえ、現場の管理者や作業員が直感的に理解できる労働時間関連の情報提供を行うことが、システム開発における要点のひとつといえるでしょう。

システムを活用した変則的な労働形態への対応と課題

　建設業界では夜勤や交代勤務、他現場への応援勤務など他の業界とは異なる変則的な労働形態が存在します。これらの労働形態は工事の特性や人員配置の都合上避けられないものですが、労働時間管理の観点では大きな課題です。たとえば午前中はA現場で作業し午後からはB現場に移動して作業する場合、労働時間管理上は個人の累計労働時間として計上する必要があります。しかし、現場間の移動時間の扱いや現場ごとに異なる勤務時間帯の集計など煩雑な管理業務が発生してしまいます。

　また、危険な作業が発生する現場には資格を持った主任技術者などの専門家を配置する必要があります。つまり現場の特性に応じて適切な人材を配置しなければならないため、労務管理システムには**現場の特性とそれに適した専門性を持つ人材をマッチングさせる機能**も求められます。

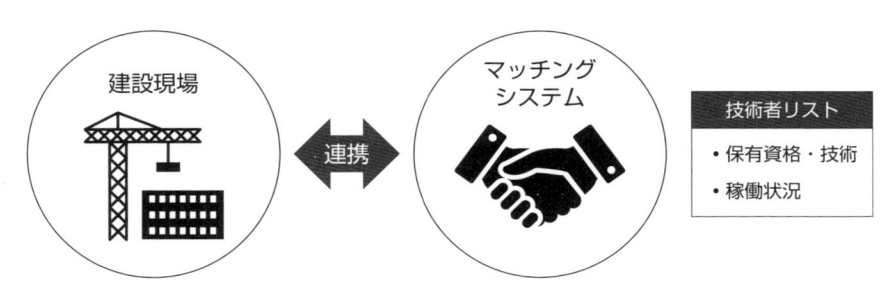

◆現場と人材のマッチングを行うシステム

　これらの機能を実現するためには、単に自社の従業員情報を管理するだけでは不十分です。多くの工事現場では、下請会社や協力会社の労働者が働いています。つまり**元請会社が全体の工程管理や安全管理を行う上で、これらの労働者の情報も把握しておく必要がある**のです。言い換えれば自社のみならず協力会社も含めた人材データベースを構築できれば、建設業界の労働管理業務のブレイクポイントになり得るのです。

　現在、勤怠管理システムの導入は進みつつあるとはいえ、いまだ多くの建設会社では日報やタイムカードなどのアナログな手法が用いられて

います。各現場で日報やタイムカードに記録された労働時間を現場事務所や本社の担当者が手作業で集計し、Excelなどで管理するのが一般的な流れです。しかし、これらの方法では転記ミスや集計ミス発生のリスクが高く、膨大な手間と時間を要してしまいます。さらに、アナログな管理方式では日々の労働時間の累計を正確に把握することが難しいため、時間外労働の上限規制に抵触するリスクもあります。2024年問題への対応を考える上では、看過できない課題といえるでしょう。

　勤怠管理のDX化には、これら課題の解決が求められます。**クラウド型の勤怠管理システムを導入すること**で、現場の作業員がスマートフォンやタブレットから直接勤怠情報を入力できるようになります。これにより日報やタイムカードに手書きで記入する手間が省け、現場からのリアルタイムな勤怠報告ができます。また、**勤怠情報をデジタルデータとして自動集計すること**で転記ミスや集計ミスのリスクを大幅に低減できます。残業時間の累計を自動的に計算し上限に近づいたらアラートを出す機能を実装すれば、法規制違反を未然に防ぐこともできるでしょう。

　加えて、勤怠管理のDX化は労務担当者の業務負担を大幅に軽減してくれます。これまでのアナログな管理方式では、勤怠情報の集計や分析に多大な時間と手間を要していましたが、DX化によってこれらの作業が自動化されます。労務担当者にはその分の時間が創出され、より付加価値の高い業務に注力することができるようになります。

　ただし、勤怠管理のDX化を進める上では現場の実情を十分に考慮する必要があります。現場では、システム操作に不慣れな作業員も少なくありません。各々で出退勤の入力操作をする勤怠管理システムは、誰もが簡単に使えるよう直感的なユーザーインターフェースを備えていることが重要です。また、通信環境が不安定な現場でも利用できるよう、オフラインでの入力にも対応していることが望ましいでしょう。

　以上のように、建設業界特有の変則的な労働形態に対応しつつ、最新の法規制に準拠するためには勤怠管理のDX化が欠かせません。しかし、それは単にシステムを導入すれば実現できるものではありません。現場の実情を踏まえた上で利用者の立場に立った設計思想が求められます。

10-2 協力会社／下請会社を巻き込むシステム連携

建設プロジェクトにおける企業間データ連携の重要性

建設プロジェクトは複数企業の協力体制が不可欠

建設業界では、複数の企業が協力して1つの建設プロジェクトを進めるのが一般的です。元請会社であるゼネコンと、協力会社（下請会社）が一丸となって工事を進めるわけですが、そこにはさまざまな課題が存在します。特に、企業間の情報共有やデータ連携の問題は、プロジェクトの効率性や生産性に大きな影響を与えます。本節では、建設プロジェクトにおける企業間データ連携の重要性について解説していきます。

建設業界は、元請会社、協力会社としての一次請け、二次請けといった具合に、重層的な構造を持っています。1つの建設プロジェクトを遂行するためには、これらの企業が緊密に連携し、情報を共有しながら作業を進めていく必要があります。

ここでいう協力会社とは、建設プロジェクトにおいて元請会社を支援する立場の企業を指し、専門工事業者、資材供給業者、建設機械のリース・レンタル業者、そして元請会社から直接工事を請け負う中小の建設会社などが該当します。

1つの建設プロジェクト

元請会社：
ゼネコンなど

協力して
作業を進める

協力会社（下請会社）：
専門工事業者、資材供給業者、建設機械の
リース・レンタル業者、中小の建設会社　など

◆1つのプロジェクトにおける建設業界の協力体制

協力会社の存在は、建設プロジェクトを円滑に進める上で欠かせません。なぜなら、建設工事には多種多様な専門技術が必要とされるためです。たとえば、基礎工事、鉄筋工事、型枠工事、電気工事、設備工事など、建物を完成させるためにはさまざまな工程があり、それぞれに高度な技術が求められます。これらすべての技術を元請会社だけで賄うことは現実的ではありません。

　そこで、専門分野に特化した技術と経験を持つ協力会社の力を借りることになります。協力会社は、自社の得意分野に注力することで、工事の質を高めると同時に、工期の短縮にも貢献します。また、工事量の変動に応じて柔軟に対応できるため、プロジェクトにおける元請会社の負担を軽減する役割も果たしています。

　このように、建設プロジェクトは元請会社、協力会社（下請会社）が一体となってはじめて成り立つのです。**それぞれの企業が持つ専門性を結集し、密接に連携すること**がプロジェクトの成功につながるといえるでしょう。

　しかし、ここで問題となるのが、**企業間の情報共有やデータ連携**です。元請会社、協力会社（下請会社）は、それぞれ独自の社内システムを持っているケースが多く、工事に関する情報を円滑にやり取りすることが難しい状況にあります。たとえば図面の変更や工程の調整など、工事を進める上で重要な情報が各企業間でタイムリーに共有されないために、手戻りや無駄が発生してしまうのです。

　建設プロジェクトを効率的に進めるためには、企業間の垣根を越えた情報共有とデータ連携が不可欠だといえます。そのためには、各企業のシステムを統合するか、あるいはシステム間のデータ連携を可能にする仕組みが必要となります。こうした課題に対応することが、建設業界のDX化を進める上で重要なポイントのひとつといえるでしょう。

▍企業単体のDXと建設プロジェクトのフローを意識したDX

　建設業界では、生産性の向上や2024年問題を受けた働き方改革の実現に向けて、DX化の波が急速に進んでいます。

　しかし、ここで注意しなければならないのは、DXを企業単体の取り組みとしてのみ捉えてはならないということです。確かに、各企業が自社の業務を効率化するためにデジタル技術を導入することは重要です。しかし、建設プロジェクトが複数の企業の協力によって成り立っている以上、企業間のデータ連携なくしてDXの真の効果は発揮できません。

　たとえば、ゼネコンが自社の工程管理システムを導入したとします。しかし、そのシステムが協力会社（下請会社）とデータを共有できなければ、結局は情報の断絶が生じてしまいます。協力会社は、自社の進捗状況をゼネコンに報告するために、別途資料を作成しなければならず、二重の手間が発生してしまうのです。

　こうした問題を解決するためには、建設プロジェクト全体のフローを意識したDX化の推進が必要です。つまり、**元請会社、協力会社が共通のプラットフォームを使って情報共有やデータ連携を行える環境を整備すること**が求められるのです。

　理想をいえば、プロジェクトにかかわるすべての企業が同じシステムを使うことが望ましいでしょう。しかし、それぞれの企業には、独自の業務フローやルールがあり、簡単には統一できない現実もあります。特に、バックオフィス部門の業務は、企業ごとに大きく異なるため、全社統一のシステムを導入することは難しいといえます。

　そこで、現実的な対応としては**プロジェクト単位でのデータ連携を可能にすること**が考えられます。つまり、各企業の社内システムはそれぞれの企業に最適化された形で構築しつつ、プロジェクトに関連するデータについては共通の形式でやり取りできるようにするのです。

　たとえば工事の見積承認状況、進捗状況や工程表、図面データ、安全管理情報など、プロジェクトにかかわる重要な情報を各社のシステムからエクスポートし、共通のデータベースに集約するような仕組みが考えられます。そして、そのデータベースにアクセスすることで、プロジェクトの関係者全員がリアルタイムに情報を共有できるようになるのです。

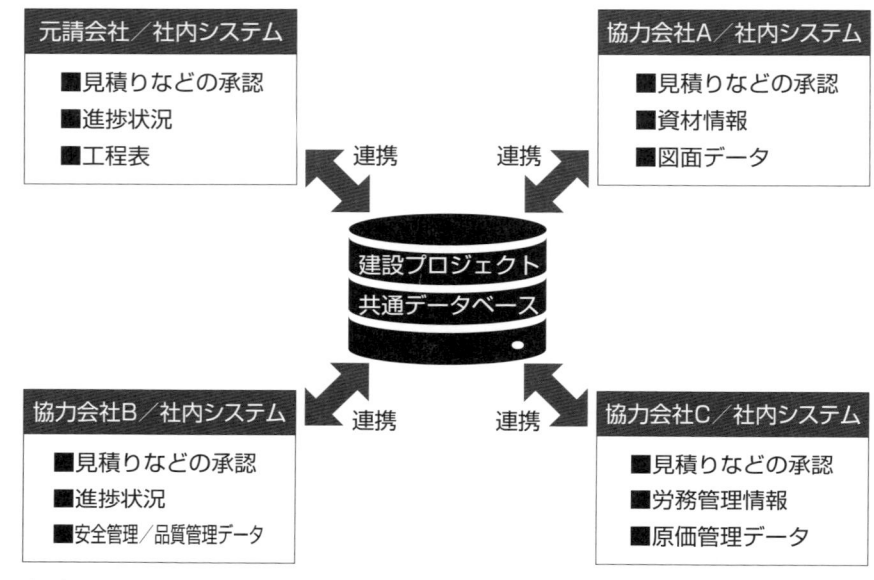

◆プロジェクト単位でのデータ連携のイメージ

　こうしたプロジェクト単位でのデータ連携は、単に業務の効率化に寄与するだけではありません。各企業間のコミュニケーションを円滑にし、より緊密な協力関係を築くことにもつながります。情報共有が進めば、問題の早期発見・早期解決が可能になり、手戻りや無駄を減らすことができるでしょう。

　また、こうしたデータの蓄積は将来的なAI技術の活用の道も開きます。プロジェクトのデータを分析することで、工程の最適化や資材の調達、リスク管理などに役立てることができるかもしれません。

　建設業界のDXは、単に個々の企業のデジタル化を進めるだけでは不十分です。建設プロジェクトという大きな枠組みの中で、いかに企業間のデータ連携を実現するかが重要な鍵を握るといえるでしょう。

　そのためには、システム開発の段階から、データ連携を意識した設計が求められます。各社が自社のシステムを構築する際にも、常にプロジェクト全体の最適化を念頭に置く必要があるのです。

10-3 プロジェクト評価システム構築の必要性

企業の枠を超えた作業員個人の評価データベース化による建設業界の未来

企業単位ではなく、より詳細な作業員個人評価システムへ

　建設業界は、他の業界と比べても特に横のつながりが強い業界だといえます。景気の波はあるものの、好況時も不況時も、元請会社と協力会社が互いに協力し合いながら、困難を乗り越えてきました。この結束力の強さは建設業界の大きな特徴であり、強みでもあります。

　そのような強い横のつながりを持っているにもかかわらず、人材の評価については他の業界と同じく、主に企業単位で行われています。しかし、前節で触れたような、企業の枠を超えたシステムが実現すれば、そのシステム上で作業員個人の評価データを蓄積することが可能になります。そうなれば、これまでの企業単位の評価から、より詳細な個人単位の評価へと移行でき、さらにその個人評価データを活用することで、プロジェクトチーム編成の効率化が期待できます。

　現在の建設業界の人材評価システムは、主に企業単位でのデータ蓄積にとどまっています。そのため、「どの企業が優れた技術力を持っているか」という情報はあっても、「その企業の中のどの作業員が高い技能を持っているか」という詳細な情報までは、同じ建設プロジェクトを行うゼネコンと協力会社の関係性であっても互いに把握できていません。

　そこで求められるのは、**企業の枠を超えた人材評価とそれが蓄積されたデータベースの存在**です。前節でも触れたような、企業の枠を超えた統合的なシステムが実現すれば、そのシステム上に各社の作業員評価情報を蓄積し、有効活用できるようになります。その際、作業員評価はより客観的であり、偏りのないものである必要があります。

　その実現のためには、たとえばプロジェクトの終了時に作業員同士が互いの仕事ぶりを評価し合う機能などが考えられます。そうすることで

企業の枠を超えた作業員個人の客観的な評価データが蓄積されます。

　ただし、そのためにはシステム操作に不慣れな現場の作業員も直感的に操作できるUI/UXデザインの検討が必須となります。もちろん、国土交通省が進めている「建設キャリアアップシステム」のように作業員個人の資格や経験を登録するデータベースも存在します。しかし、このシステムはあくまで作業員本人が申告した情報に基づくものです。

　それに対し、**現場で共に働く作業員同士の相互評価に基づくデータベース**なら、資格や経験といった項目だけではなく、現場での実務への向き合い方など、より多角的な人材評価項目を持たせることが可能です。この点が既存のシステムとの大きな違いであり、より使い勝手の良いリアルなデータの蓄積に結びつきます。

企業の枠を超えた評価システムがもたらすもの

　このような企業の枠を超えた作業員個人の評価システムが実現するとどのようなメリットがあるのでしょうか。

　まず、作業員個人の技能や経験、資格などが可視化されることで、プロジェクトチームの編成が最適化されます。これまでは「どの企業に外注するか」という大まかな判断しかできませんでしたが、個人単位の評価データがあれば「どの作業員を起用するか」というきめ細やかな判断が可能になるのです。

　たとえば、過去のプロジェクトデータから「A社のB班のCさんは、河川工事の土木作業に特に高い評価を得ている」ということがわかったとします。そうすれば次に類似の工事を行う際には、Cさんを優先的に起用することでプロジェクトの品質向上と効率化が期待できるでしょう。

　また、このシステムがあればこれまで取引のなかった企業の優秀な作業員を発掘することもできます。これまでの建設業界では、元請会社と付き合いのある協力会社に外注することが一般的でしたが、作業員個人の評価データベースを活用すれば、それまでに取引のない人材でも、その能力や人となりを把握できるため、より広い選択肢の中から最適な人材を選ぶことが可能になるのです。これは、建設業界全体の生産性向上

にもつながるでしょう。

　さらに、システムが蓄積した作業員個人の技能データと、プロジェクトに必要なスキルをマッチングさせる機能も考えられます。システムが自動的に最適なチーム編成を提案してくれれば、プロジェクトの立ち上げを大幅に効率化できるはずです。

　加えて、このシステムは、作業員のモチベーション向上にも寄与します。自分の仕事ぶりが適切に評価され、その評価がデータとして蓄積されることで、作業員は自身のスキルアップに対する意欲が高まるでしょう。また、高い評価を得た作業員が優遇されるようになれば、現場の士気も上がります。

　もちろん、このようなシステムを導入するには、さまざまな課題があります。個人情報の保護や評価の公平性の担保など、慎重に検討すべき点は多いでしょう。また、建設業界で長年行われてきた業務フローの変革という側面もあるため、新たな業務フローの浸透には一定の時間がかかるはずです。

　しかし、建設業界が抱える人材不足の問題は深刻です。その解決のためには、業界全体で人材を共有し、有効活用することの重要性は年々増しています。企業の枠を超えた作業員個人の評価システムは、その実現に向けた大きな一歩になるのではないでしょうか。

　システム開発者にできることは、このようなシステムを技術的に支えていくことです。作業員一人ひとりが、自身の技能を正当に評価してもらえる。そして、その評価が業界全体で共有され、適材適所の人材配置が実現する。そんな未来の建設業界を支えるシステム開発が、近い将来より強く求められることでしょう。

索　引

執筆者紹介

株式会社GeNEE（ジーン）

東京都港区六本木1丁目に本社を構える「国内有数のシステム／モバイルアプリケーション開発会社」。基幹系・業務管理系を中心としたシステム開発事業、BtoB向けおよびBtoC向けのエンドユーザーを対象としたモバイルアプリケーション開発事業、企業のDX推進事業、MVP開発事業などを展開。

「開発力」を中枢としながら、「ビジネス（戦略）」「UI/UXデザイン」を融合させた伴走型プロジェクト支援体制により、民間企業、学校法人、行政といったさまざまな業界・業種のクライアントに対し、高品質な開発サービスを提供する点に定評がある。

開発序盤に行われる調査分析工程を経て、クライアントが抱える課題や問題を的確に捉え、ロードマップ策定、事業戦略立案、開発計画を含むITソリューション提案を一気通貫で支援。開発と技術を武器とし、隣接する戦略領域およびUI/UXデザイン領域を網羅できるシステム／モバイルアプリケーション開発会社は日本でも有数であり、その三位一体形式のプロジェクト支援、開発サービスを大きな強みとしている。HP https://genee.jp/

DX/ITソリューション事業部（デジタルトランスフォーメーション・アイティーソリューション）

国内外のDX事例を基に最先端のIT活用およびビジネス推進を担う事業部門。「ビジネスディレクションチーム」、「DX/ITコンサルティングチーム」、「技術開発チーム」、「UI/UXデザインチーム」、「UXサポートチーム」の5つのチームで構成されており、クライアントが抱える組織課題・業務課題に対して、各チームのスペシャリストがプロジェクトを編成し、DX/ITを切り口としたソリューションを提供することで課題解決にあたる。

これまで、小売流通業・製造業・卸売業・建設業・不動産業・金融業・医療介護業・医療検査業・印刷出版業・教育業・食品業・倉庫業・飲食業・通販事業といった、多種多様な業界・業種の技術支援を行っている。

クライアントとの共同事業によって生まれた新しい開発技術や知識は、系列業者や下請業者に展開し、業界全体の付加価値向上に貢献しており、有名大学との共同研究や研究支援、特別講義対応などを通じて、最先端のテクノロジーを啓蒙する活動にも注力している。

このような取り組みを通じて、社会全体におけるDX/ITの浸透に貢献し、さらなる効率化・スマート化を促進できる組織を目指している。著書に『エンジニアが学ぶ在庫管理システムの「知識」と「技術」』（翔泳社）がある。

日向野 卓也（ひがの・たくや）

株式会社GeNEE代表取締役

東京工業大学（現東京科学大学）環境社会理工学院、慶應義塾大学大学院経営管理研究科、慶應義塾大学ビジネススクール修了（MBA：経営学修士取得）。

国内最大手SIerである、株式会社NTTデータなどでエンタープライズ領域（大手企業）向けの事業開発・事業企画・財務企画などに従事。

アメリカ・スタンフォード大学での海外研修を経て、システムおよびモバイルアプリ開発会社、株式会社GeNEEを創業。小売流通業、製造業、美容医療業の基幹系システム、業務管理系システムの開発プロジェクトの他、組織全体を変革するDXプロジェクトを担う。

執筆協力

斎藤 裕一（さいとう・ゆういち）

株式会社GeNEE

大阪大学工学部、大阪大学大学院情報科学研究科修了。

国内最大手SIerである株式会社NTTデータで大手金融機関向けに債権書類電子化システム、金融規制・法規制対応システムの要件定義・インフラ設計・開発および構築、複数金融サービスのAPI連携などを手掛ける。その後、株式会社GeNEEの取締役に就任し、卸売業、医療検査業、観光業の業務管理系システム、業務アプリケーションなどの開発プロジェクトを牽引。

鈴木 聡一郎（すずき・そういちろう）

株式会社GeNEE

慶應義塾大学経済学部、慶應義塾大学大学院経営管理研究科、慶應義塾大学ビジネススクール修了（MBA：経営学修士取得）。

国内屈指のメガベンチャー株式会社ディー・エヌ・エーで国内登録者数約200万人を誇るメガヒットアプリケーション「マンガボックス」のフルスクラッチ開発などを手掛ける。その後、株式会社GeNEEの取締役に就任し、建設業、工事業の基幹システムの開発、各種DXプロジェクトを牽引。

高野 康志（たかの・やすし）

グラフィック一族所属。株式会社木下グループUI/UXデザイン室にて某スポーツ世界大会および各種COVID-19検査事業に関するシステム開発のプロジェクトマネージャー、UI/UXデザインを牽引。現在はグラフィック一族として独立し、システム開発・モバイルアプリケーション開発に関するUI/UXデザイン、コピーライティング（書籍執筆、コラムなど含む）、グラフィックデザイン（紙、Web）、アートディレクション、クリエイティブディレクション、デザイン戦略顧問などの業務に従事。HP https://g-ichizoku.com/

装丁・本文デザイン	FANTAGRAPH（ファンタグラフ）
装丁イラスト	岡村 慎一郎
DTP	一企画

エンジニアが学ぶ工事管理システムの「知識」と「技術」

2025 年 1 月 29 日初版第 1 刷発行

著 者	株式会社 GeNEE DX/IT ソリューション事業部
発行人	佐々木 幹夫
発行所	株式会社 翔泳社（https://www.shoeisha.co.jp）
印刷・製本	株式会社 加藤文明社

©2025 GeNEE Corporation of DX & IT Solution Division

本書は著作権法上の保護を受けています。本書の一部または全部について（ソフトウェアおよびプログラムを含む）、株式会社 翔泳社から文書による許諾を得ずに、いかなる方法においても無断で複写、複製することは禁じられています。
本書へのお問い合わせについては、ii ページに記載の内容をお読みください。
造本には細心の注意を払っておりますが、万一、乱丁（ページの順序違い）や落丁（ページの抜け）がございましたら、お取り替えいたします。03-5362-3705 までご連絡ください。

ISBN978-4-7981-8728-0　　　　　　　　　　　　　　　Printed in Japan